Inhaltsverzeichnis

Start ins Thema: Verschiedene Flächen

1 Welche Flächen sind auf dem Plan zu sehen?

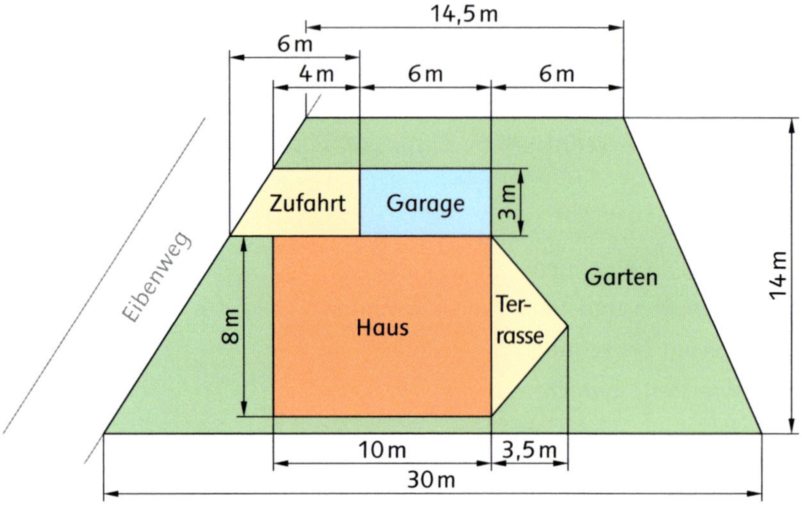

Schreibe auf, welche geometrische Form sie haben. Notiere zu jeder Fläche die Maße.

Name der Fläche	Geometrische Fläche	Maße
Haus	*Rechteck*	*a = 10 m b = 8 m*
Zufahrt		

2 Berechne die Flächeninhalte.

a) Grundfläche des Hauses

b) Gesamtfläche des Grundstücks

So gut kann ich die Aufgaben: ☺ 😐 ☹

So geht es: Winkel und Flächen

Scheitel-, Stufen- und Wechselwinkel

Gegenüberliegende Winkel an einer Geradenkreuzung heißen **Scheitelwinkel**.

Winkel, die wie Stufen auf derselben Seite der parallelen Geraden liegen, werden **Stufenwinkel** genannt.

Winkel, die auf verschiedenen Seiten der Parallelen und der schneidenden Geraden liegen, heißen **Wechselwinkel**.

1 Miss die Winkel.

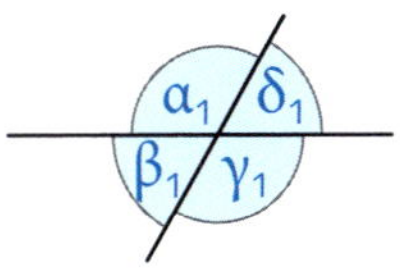

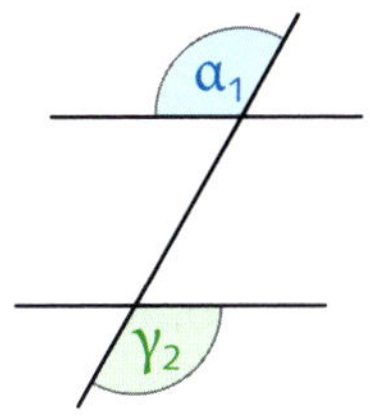

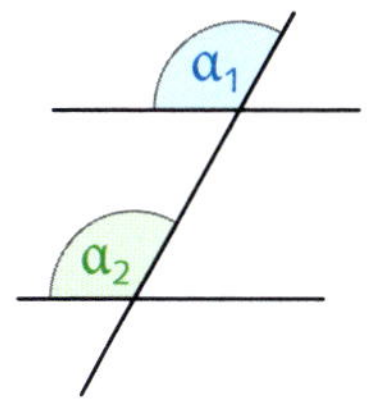

α_1 = ________ γ_1 = ________
β_1 = ________ δ_1 = ________

α_1 = ________ α_2 = ________

α_1 = ________ γ_2 = ________

Scheitelwinkel, ebenso wie Stufenwinkel und Wechselwinkel an geschnittenen Parallelen sind gleich groß.

Winkelsumme in Dreiecken und Vierecken

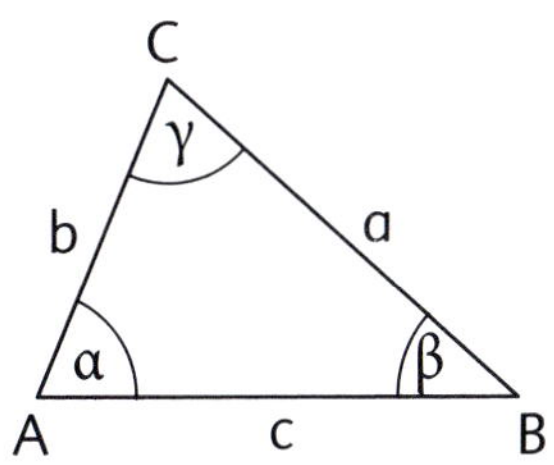

Im Dreieck gilt:
$\alpha + \beta + \gamma = 180°$

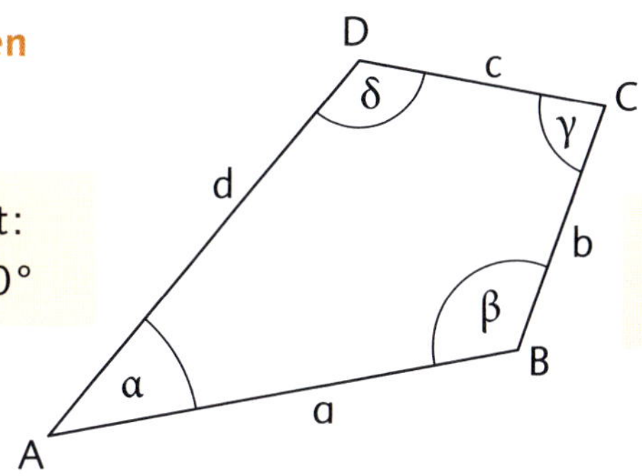

Im Viereck gilt:
$\alpha + \beta + \gamma + \delta = 360°$

Konstruktion eines Dreiecks

2 Beschreibe die folgende Dreieckskonstruktion, indem du den Lückentext ausfüllst.

a) 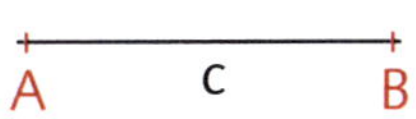

Zeichne die ____________________ und markiere die Punkte ________ und ________.

b) 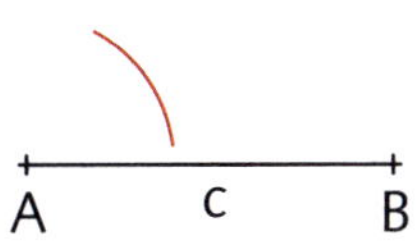

Schlage mit dem Zirkel einen ____________________ um Punkt ________ mit dem Radius ________.

c) 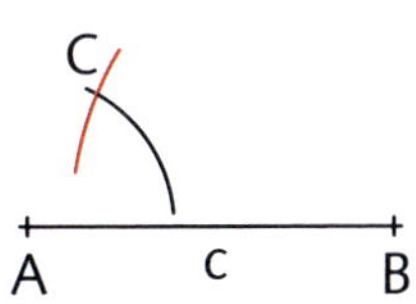

Schlage mit dem Zirkel einen ____________________ um Punkt ________ mit dem Radius ________.

d) 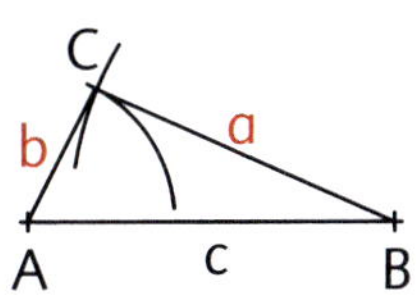

Verbinde die Punkte ________ und ________ mit ________ und benenne die Seiten ________ und ________.

Winkel berechnen

1 Berechne jeweils die fehlende Winkelgröße der Dreiecke.

a)

α	β	γ
42,5°	68°	
	112,6°	18,4°
61,9°	59,8°	

b)

α	β	γ
89,1°		72,4°
67,2°	48,8°	
	58,6°	7,8°

2 Berechne die fehlenden Winkel in den abgebildeten Dreiecken.

a)

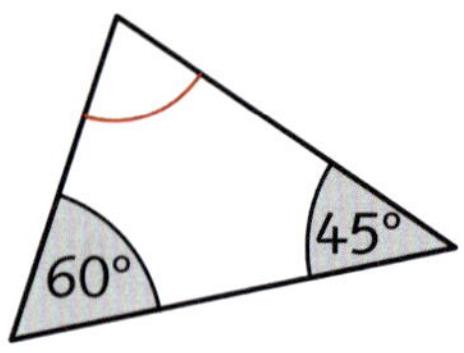

b)

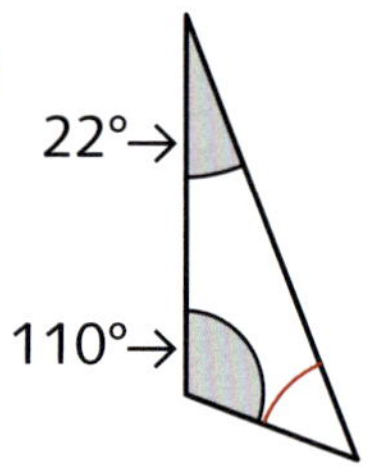

c)

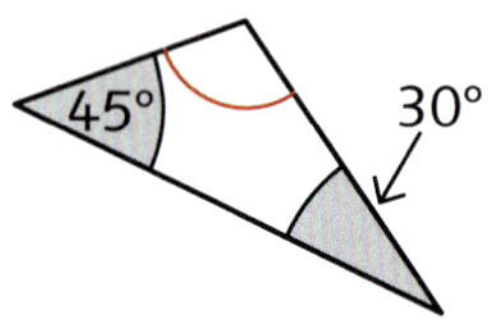

d)

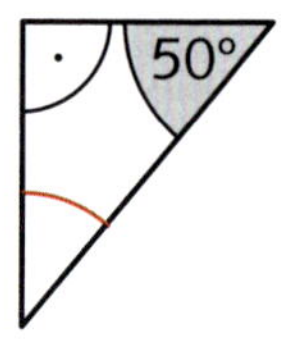

3 Berechne jeweils die fehlende Winkelgröße an dem Rechteck, wenn $\alpha_1 = 30°$ groß ist. Wende deine Kenntnisse über Scheitel-, Stufen- und Wechselwinkel an.

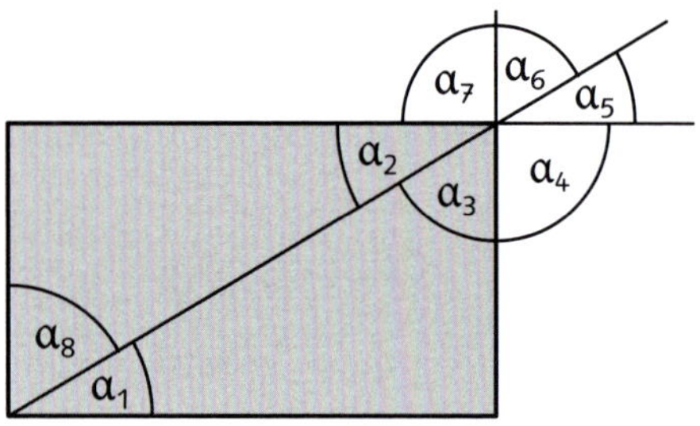

α_1	α_2	α_3	α_4
30°			

α_5	α_6	α_7	α_8

4 Berechne jeweils die fehlende Winkelgröße an der Raute, wenn $\alpha_1 = 20°$ groß ist. Wende deine Kenntnisse über Scheitel-, Stufen- und Wechselwinkel an.

$\alpha_2 = \alpha_3$

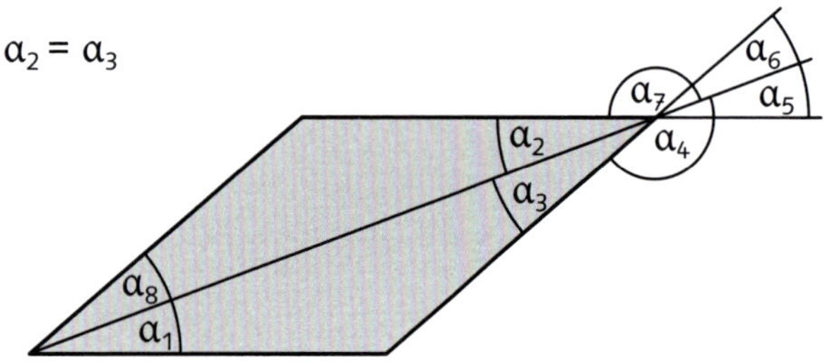

α_1	α_2	α_3	α_4
20°			

α_5	α_6	α_7	α_8

Dreiecke konstruieren

1 Konstruiere folgende Dreiecke. Fertige zuerst eine Planfigur an.

a) $a = 3\,cm$ Planfigur: Konstruktion:
$b = 4\,cm$
$c = 5\,cm$

b) $c = 5{,}5\,cm$ Planfigur: Konstruktion:
$\alpha = 46°$
$\beta = 54°$

2 Von einem Dreieck sind gegeben: $a = 7{,}5\,cm$, $c = 5{,}8\,cm$, $\beta = 65°$
Beschreibe die Konstruktion in einem Geometriediktat.

____

____

____

____

3 Von einem Aussichtspunkt A ist ein Ort B 50 km entfernt. In einem Winkel von 55° zur Strecke $\overline{AB}$ liegt der Ort C. Dieser Ort C ist 30 km vom Aussichtspunkt entfernt.
Wie weit sind die Orte B und C voneinander entfernt?
Konstruiere dazu ein Dreieck im Maßstab 1 : 1 000 000,
das heißt 1 cm entspricht _____ km in der Wirklichkeit.

Gegeben: ______________________________

____

Die beiden Orte B und C sind in der

Zeichnung ______ cm voneinander entfernt,

das sind in Wirklichkeit __________ .

Parallelogramme konstruieren

1 Konstruiere folgende Parallelogramme. Fertige zuerst eine Planfigur an.

a) $a = 4{,}5\,cm$
$b = 3{,}5\,cm$
$\beta = 60°$

Planfigur:

Konstruktion:

b) $b = 4{,}5\,cm$
$c = 2{,}5\,cm$
$\gamma = 54°$

Planfigur:

Konstruktion:

2 Von einem Parallelogramm sind gegeben: $a = 7{,}5\,cm$, $b = 5{,}8\,cm$, $\beta = 65°$
Fertige ein Geometriediktat an.

4 a) Miss alle Seiten und Winkel in diesem Parallelogramm.

b) Zeichne zu jeder Seite des Parallelogramms eine Parallele im Abstand von 1 cm. Die Parallelen sollen außerhalb des Parallelogramms liegen.

c) Was fällt dir auf?

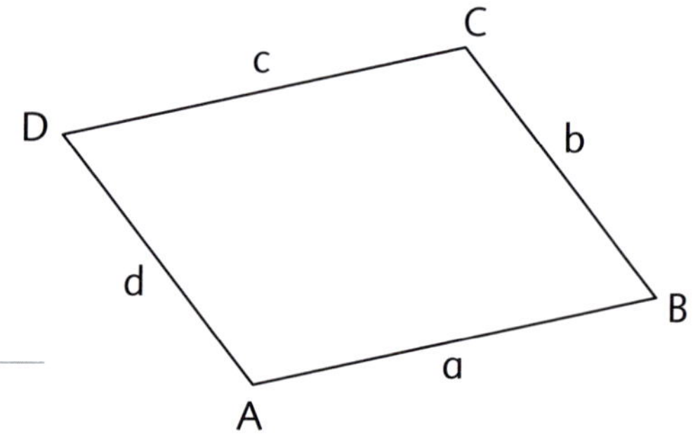

Trapeze und Rauten konstruieren

1 Konstruiere das folgende Trapez. Fertige zuerst eine Planfigur an.

$a = 6{,}5\,cm$ Planfigur: Konstruktion:
$d = 2{,}5\,cm$
$\alpha = 50°$
$\beta = 75°$

2 a) Welchen Querschnitt hat der Graben?

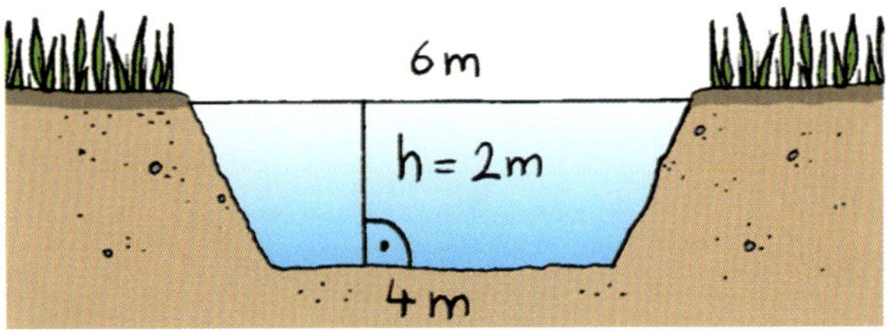

b) Fertige eine maßstabsgerechte Zeichnung an.

3 Konstruiere folgende Rauten. Fertige zuerst eine Planfigur an.

a) $a = 3{,}5\,cm$ Planfigur: Konstruktion:
$\alpha = 105°$
$\beta = 75°$

b) $a = 4{,}3\,cm$ Planfigur: Konstruktion:
$\alpha = 80°$
$\beta = 100°$

So geht es: Umfang und Flächen berechnen

Umfang und Flächeninhalt von Kreisen

Der Umfang eines Kreises wird mit Hilfe der Kreiszahl π („Pi“) berechnet. Die Kreiszahl ist bei allen Kreisen gleich.
Sie gibt das Verhältnis von Umfang zu Durchmesser an: $\pi = \frac{u}{d}$
Berechnung des Kreisumfangs: $u_{\circ} = \pi \cdot d$ oder $u_{\circ} = \pi \cdot 2r$

Tipp: $d = 2 \cdot r$

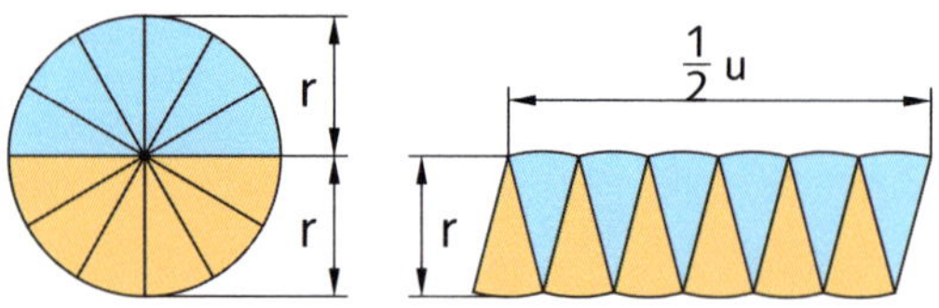

Dann ist der Flächeninhalt des Kreises etwa: $A_{\circ} = r \cdot \frac{1}{2}u$

Ich schreibe: $A_{\circ} = r \cdot \frac{u}{2}$

Der Flächeninhalt des Kreises wird mit folgender Formel berechnet:
$A_{\circ} = \pi \cdot r \cdot r$ oder $A_{\circ} = \pi \cdot r^2$

Zusammengesetzte Figuren berechnen

1 Berechne den Flächeninhalt der abgebildeten Fläche.

a) Zerlege die Fläche in Teilflächen.

b) Ergänze fehlende Maßangaben.

c) Berechne die Teilflächen.

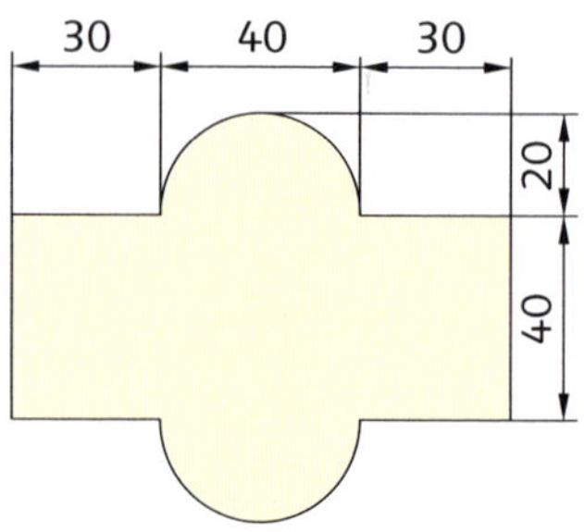

Umfang und Flächeninhalt von Dreiecken und Vierecken berechnen

1 Kennzeichne die Grundseite der Figuren rot. Zeichne die dazu gehörige Höhe blau ein.

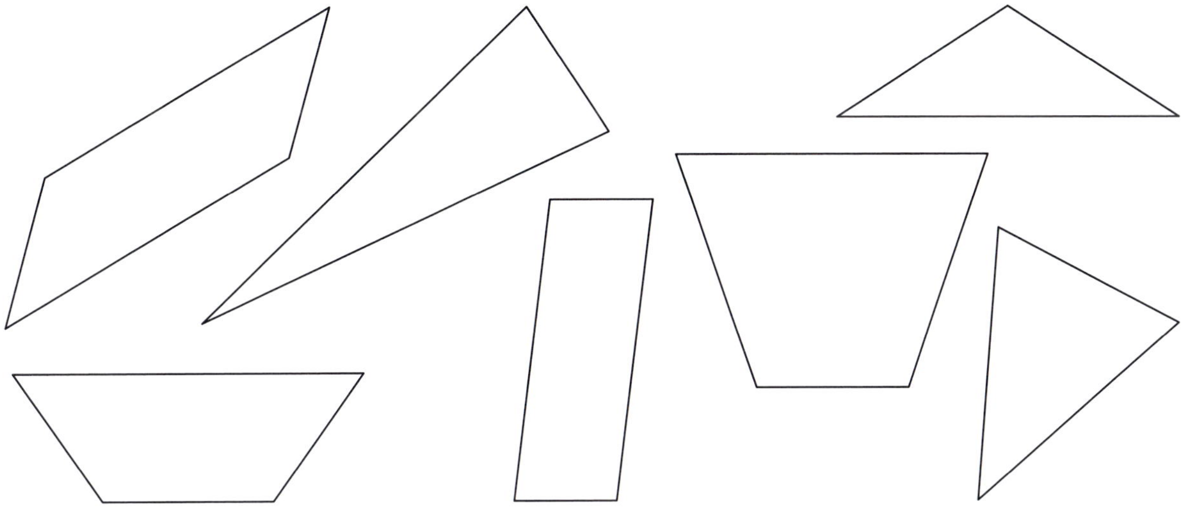

2 Kreuze die richtige Aussage an.
Der Flächeninhalt eines Parallelogramms wird berechnet, …

- ☐ indem die beiden Schrägseiten addiert werden und das Ergebnis dann mit der Höhe multipliziert wird.
- ☐ indem die Grundseite mit der Schrägseite multipliziert wird.
- ☐ indem die Grundseite mit der zugehörigen Höhe multipliziert wird.

3 Kreuze die richtige Aussage an.
Der Flächeninhalt eines Dreiecks wird berechnet, …

- ☐ indem die Grundseite mit der Höhe multipliziert und das Ergebnis durch zwei dividiert wird.
- ☐ indem die Höhe durch zwei dividiert und zu dem Ergebnis dann die Grundseite addiert wird.
- ☐ indem die Grundseite und die Höhe addiert werden. Das Ergebnis wird durch zwei dividiert.

4 Kreuze die richtige Aussage an.
Der Flächeninhalt eines Trapezes wird berechnet, …

- ☐ indem die beiden Schrägseiten addiert und dann mit der Grundseite multipliziert werden. Das Ergebnis wird durch die Höhe dividiert.
- ☐ indem die beiden parallelen Seiten addiert und dann mit der Höhe multipliziert werden. Das Ergebnis wird durch zwei dividiert.

5 Berechne den Flächeninhalt. Markiere zuerst jeweils die Grundseite und zeichne die zugehörige Höhe ein. Miss danach die benötigten Strecken aus.

a) 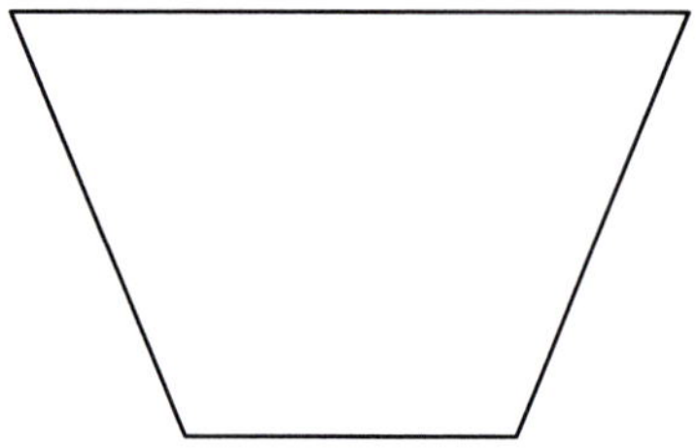

b) 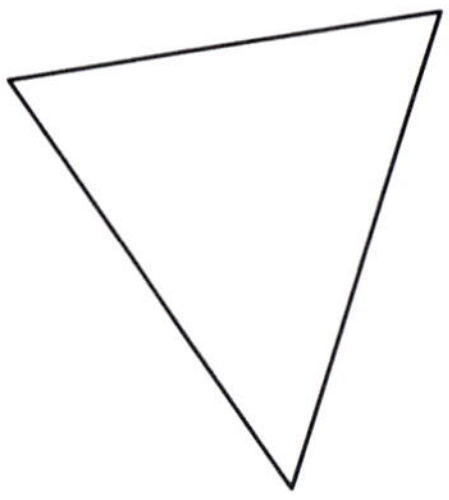

c) 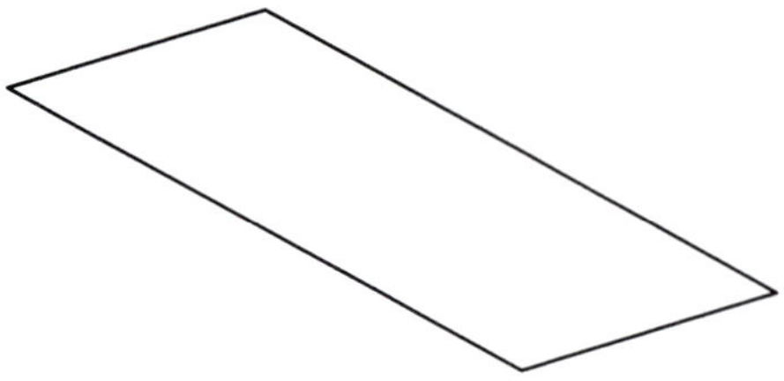

a) geg.:

ges.:

F.:

R.:

6 Berechne jeweils den Umfang der Figuren in Aufgabe **5**.

a) geg.:

ges.:

F.:

R.:

7 Berechne jeweils den Flächeninhalt.

a)

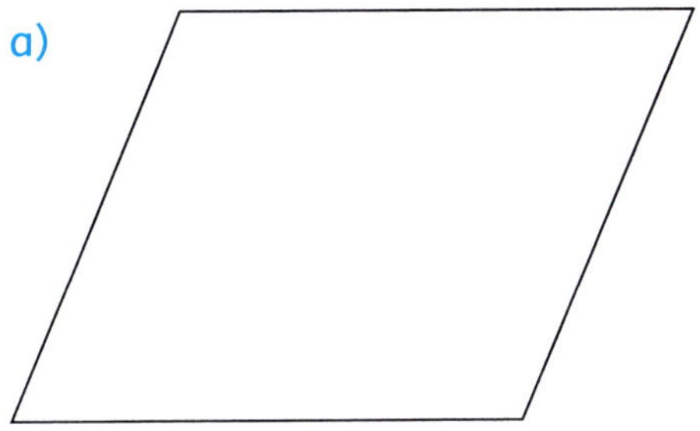

b)

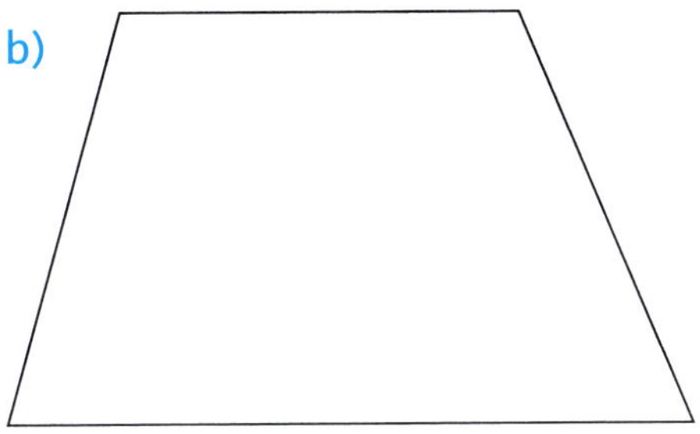

c)

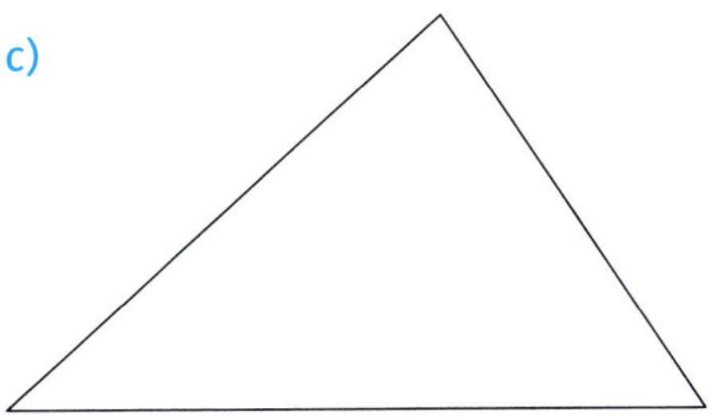

8 Berechne die fehlende Seite des Dreiecks.

geg.: $u_{\triangle}$ = 24 cm, a = 4 cm, c = 9 cm ges.: b = ?

Umfang und Flächeninhalt von Kreisen berechnen

1 Trage die Kreiszahl π ein: ______________________

Warum kann der Taschenrechner die Kreiszahl nicht genau bestimmen? Begründe.

Antwort: ______________________

2 Berechne jeweils den Kreisumfang. Runde auf zwei Stellen nach dem Komma.

a)

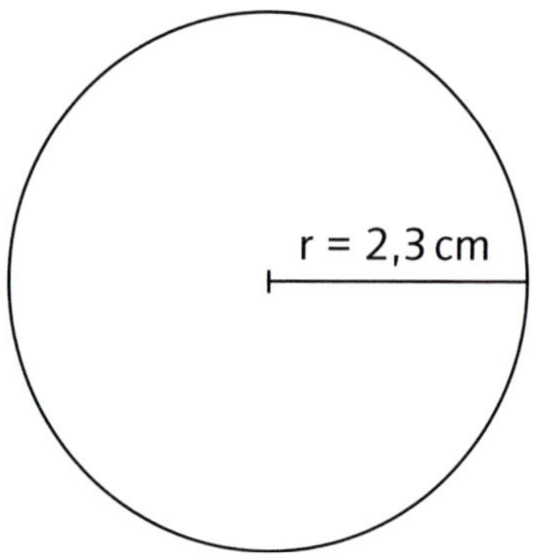

b)

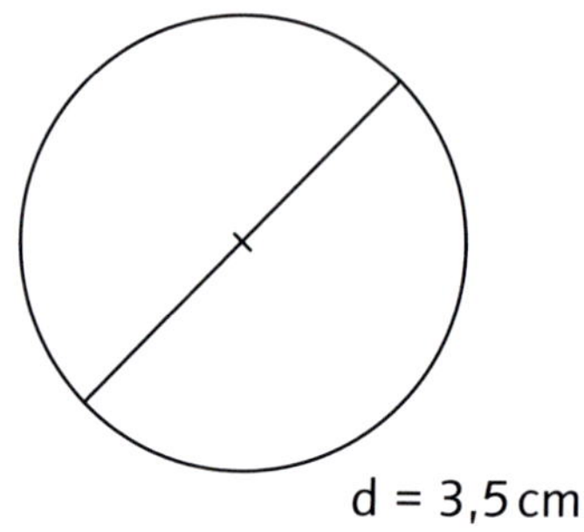

3 Berechne den Umfang des Halbkreises.

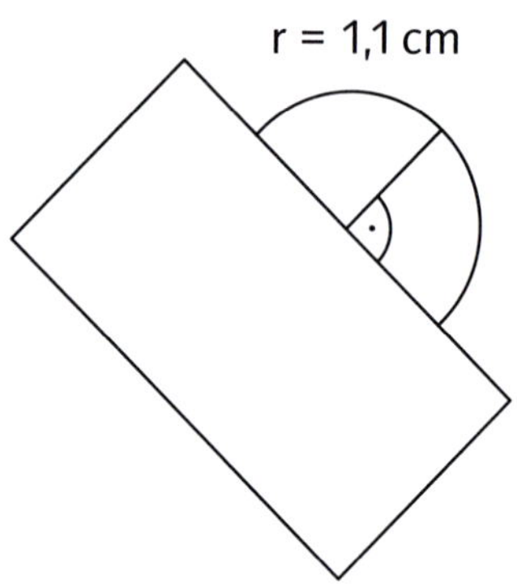

4 Zeichne einen Kreis mit dem Umfang 15,7 cm.
Berechne und runde dein Ergebnis, um den Kreis zeichnen zu können.

5 Berechne den Flächeninhalt des Kreises aus Aufgabe **4**.

6 Ein Baumstamm hat einen Umfang von 1,26 m. Wie groß ist der Durchmesser des Stamms?
Runde das Ergebnis auf eine Stelle nach dem Komma.

Antwort: ___

7 Berechne jeweils den Flächeninhalt. Runde sinnvoll.

a)

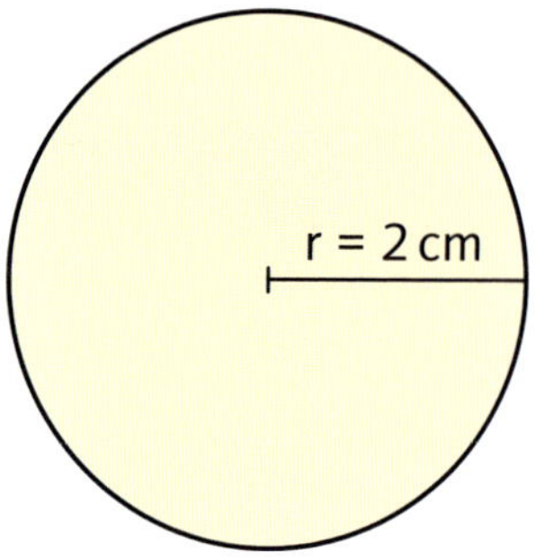

b)

d = 3,4 cm
r = 1,7 cm

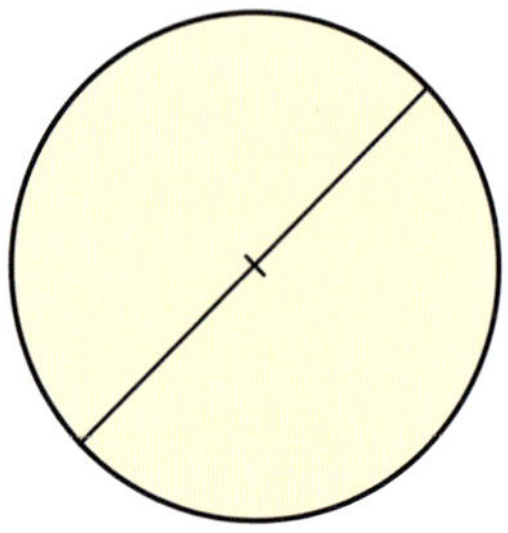

8 Eine Garten- und Landschaftsbaufirma wird beauftragt, einen kreisförmigen Sandkasten anzulegen. Es wird überlegt, ob der Durchmesser des Sandkastens 2 m oder 1,4 m betragen soll. Vergleiche die beiden Flächeninhalte.

Was fällt dir auf? ______________________________

____

Zusammengesetzte Flächen und Kreisteile berechnen

1 Berechne den Flächeninhalt. Zeichne zuerst ein, wie du die Fläche zur Berechnung unterteilt hast. Kennzeichne danach die Grundseiten und Höhen.

a)

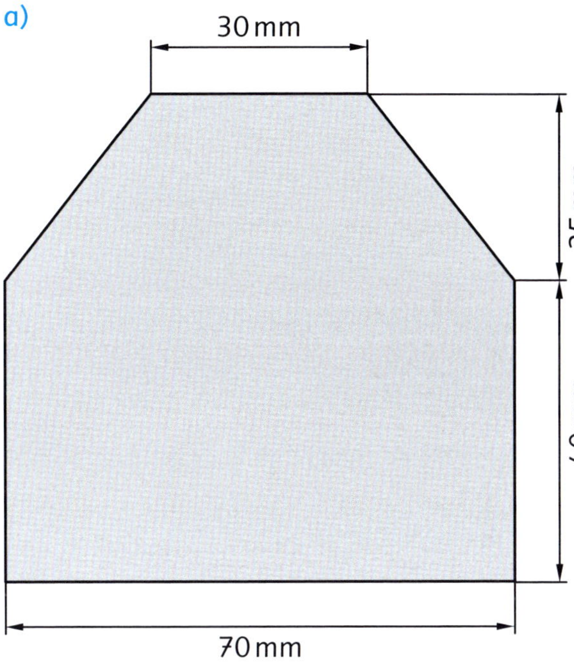

b)

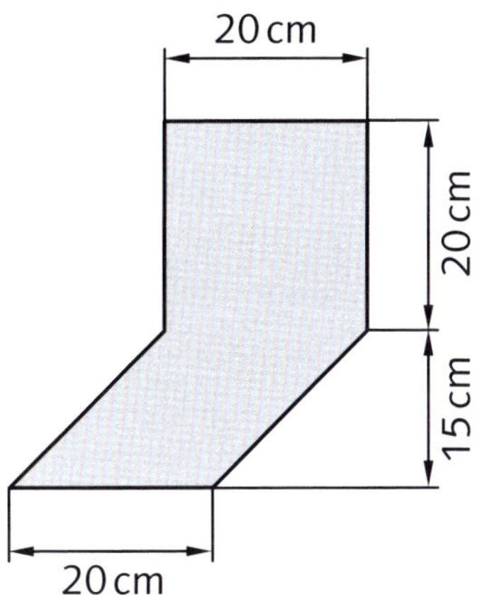

2 Berechne den Flächeninhalt der Figur.

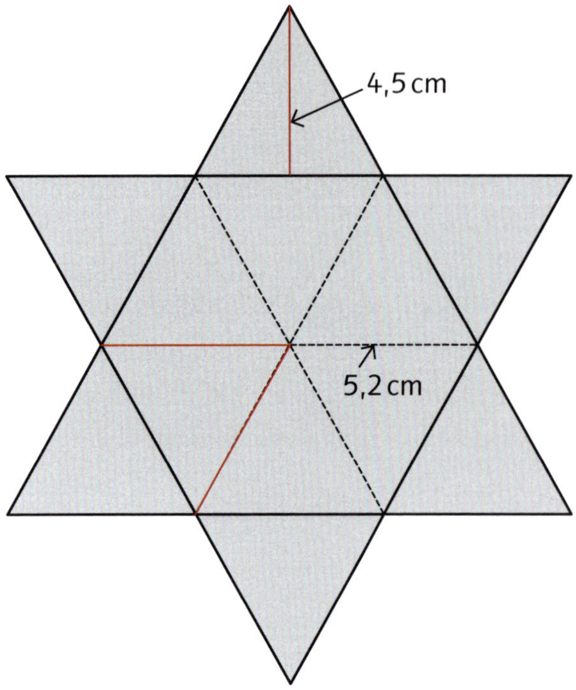

3 Wie groß ist die dunkle Fläche? (Maße in cm)

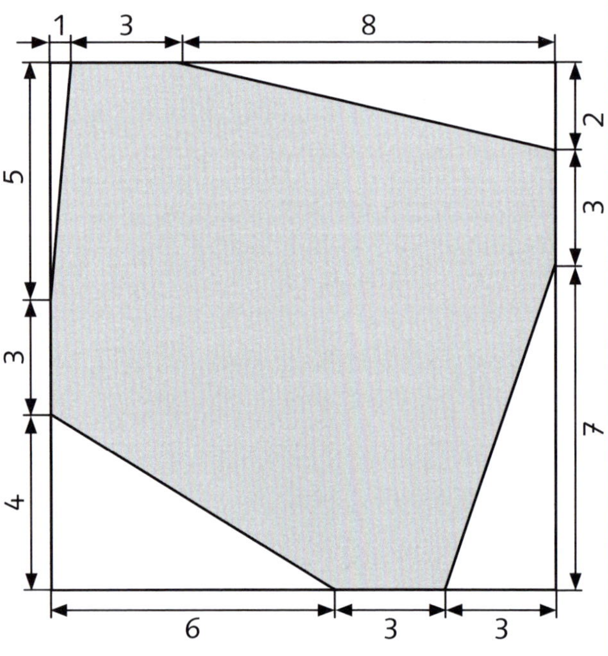

4 a) Welchen Flächeninhalt hat der eingefärbte Anteil des Kreises?

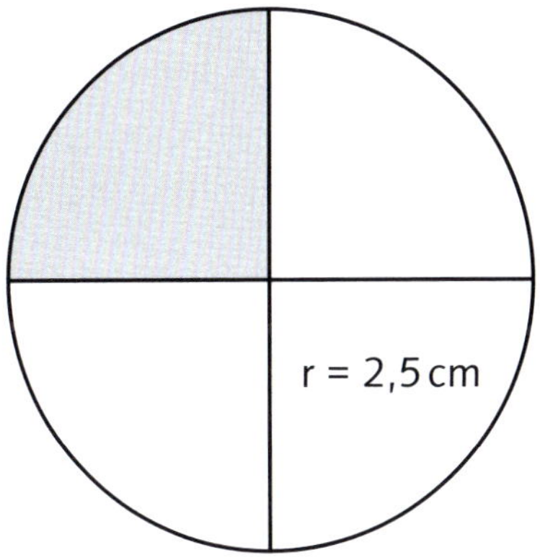

Ich überlege, welcher Anteil des Kreises gemeint ist. Ein Viertel der Kreisfläche ist gemeint.

Ich berechne zuerst den Flächeninhalt des ganzen Kreises.

Danach berechne den Anteil von der Kreisfläche. Das ist $\frac{1}{4}$ von der Gesamtfläche.

b) Berechne den Flächeninhalt des eingefärbten Anteils der Kreisfläche.

5 Berechne den Flächeninhalt des eingefärbten Anteils der Kreisfläche.

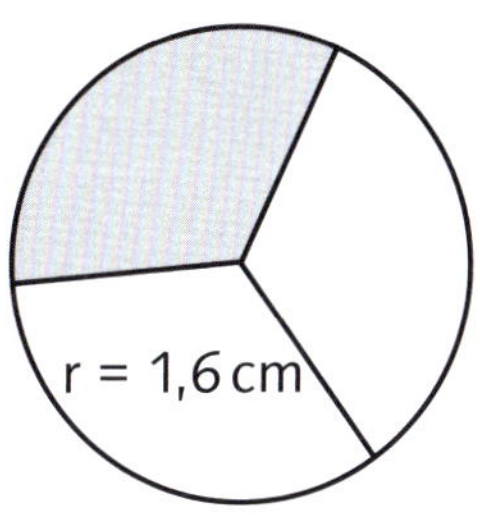

6 Berechne den Flächeninhalt. Zeichne zuerst ein, wie du die Fläche zur Berechnung unterteilt hast. Kennzeichne danach die Grundseiten und Höhen.

a)

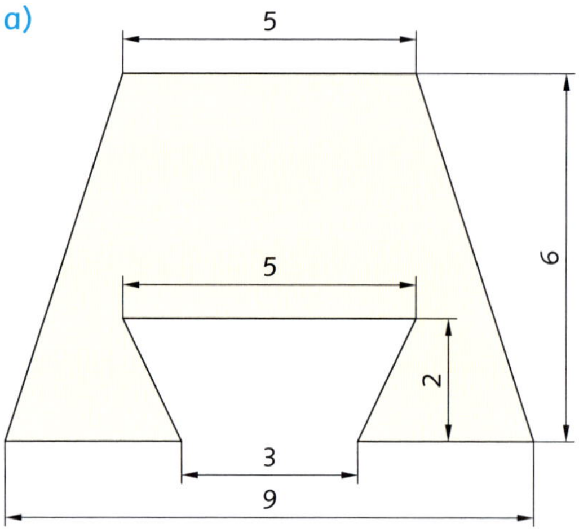

Alle Angaben in m

b)

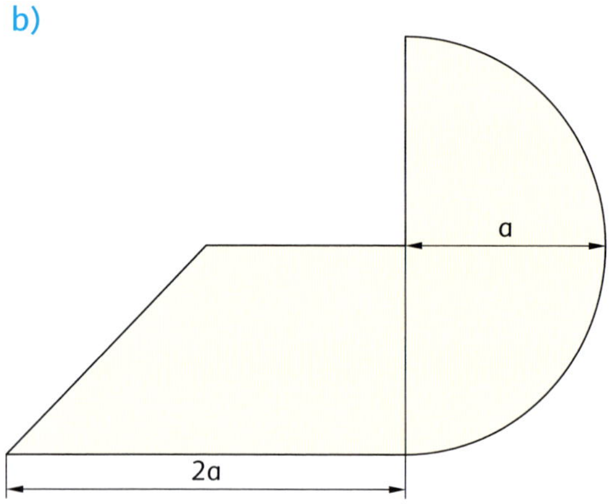

a = 3 cm

7 Berechne jeweils den Flächeninhalt der grauen Figuren.

a)

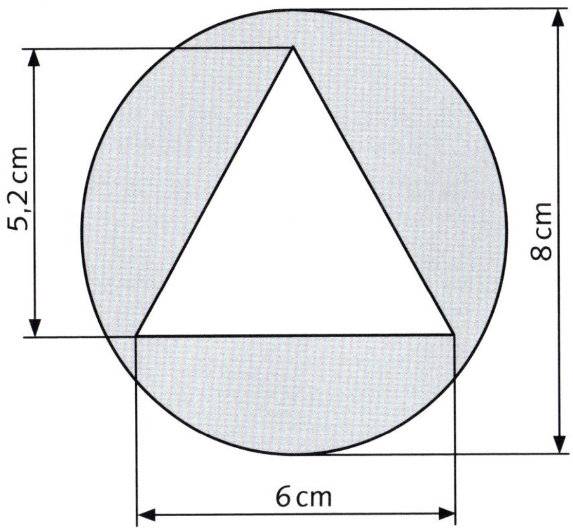

b)

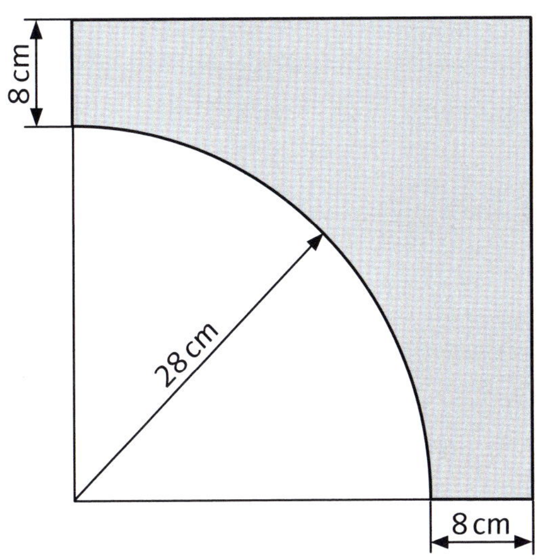

8 Berechne jeweils die Flächeninhalte der dunkel gefärbten Figur.
Runde auf zwei Stellen nach dem Komma.

a)

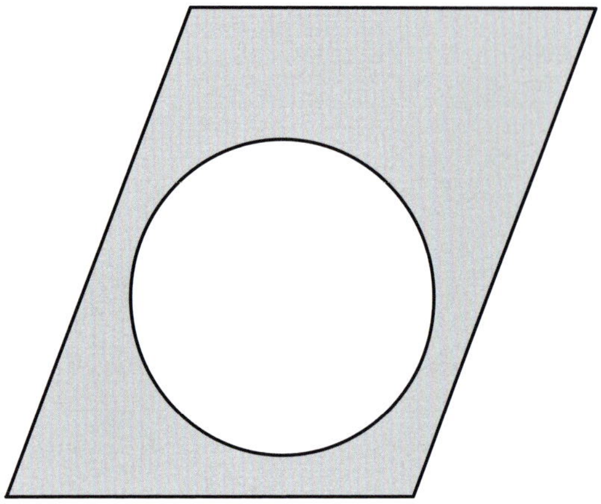

b)

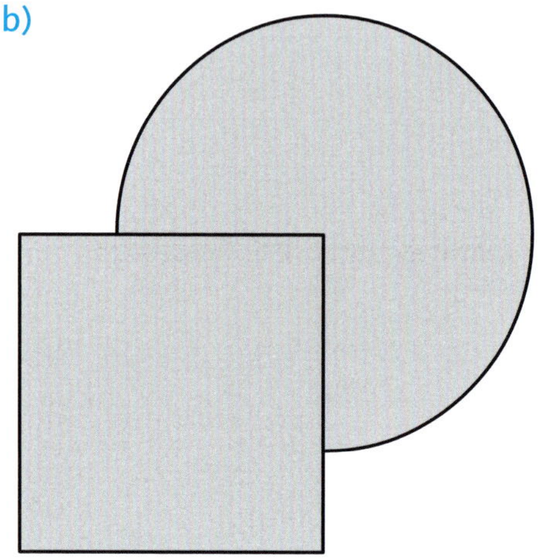

Das kann ich schon

1 Markiere die Grundseite und die zugehörige Höhe.
Miss aus und berechne den Flächeninhalt.

a)

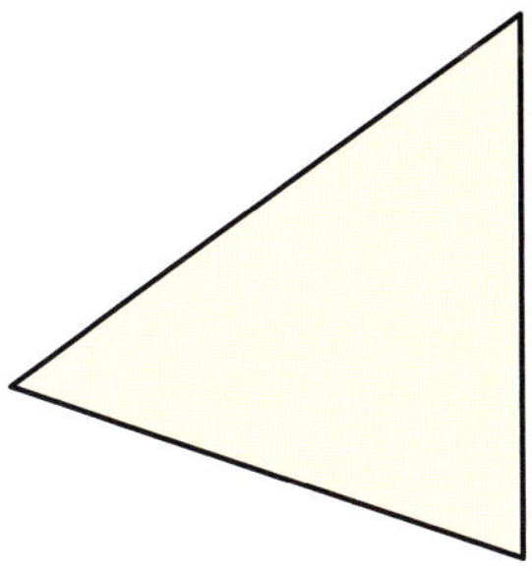

b)

2 Berechne den Umfang des Parallelogramms mit: a = 6 m, b = 4 m, c = 6 m, d = 4 m.

3 Berechne den Flächeninhalt und den Umfang des Kreises mit d = 12 m.

Satz des Pythagoras

Start ins Thema: Rechtwinklige Dreiecke und Pythagoras

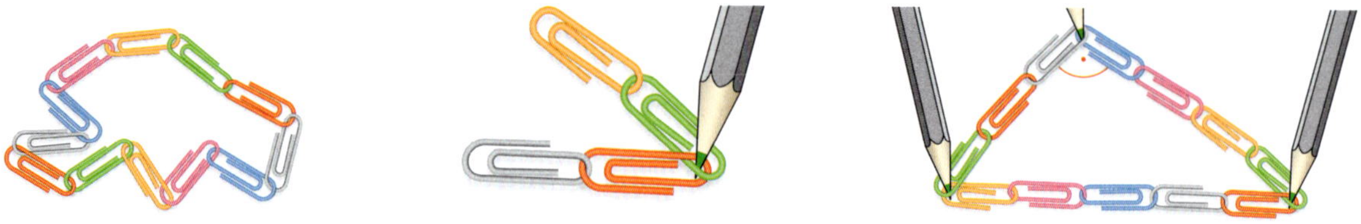

1 a) Bilde aus 12 (24, 30) Büroklammern ein rechtwinkliges Dreieck.
Gehe so vor, wie es auf den Fotos dargestellt ist.

b) Notiere Wie viele Büroklammern jeweils eine Seite bilden.

	a	b	c	$a^2 + b^2$	c^2
12 Klammern					
24 Klammern					
30 Klammern					

c) Rechne $a^2 + b^2$ aus und vergleiche mit c^2.

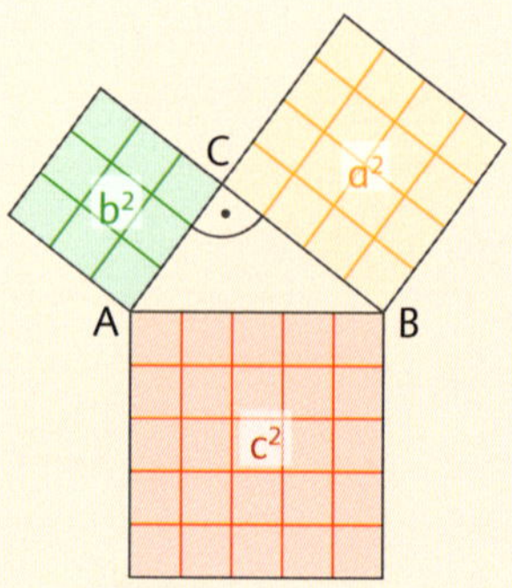

In einem rechtwinkligen Dreieck gilt immer:
Die Summe der Flächeninhalte der kleinen Quadrate ist gleich dem Flächeninhalt des großen Quadrats.

Formel: $a^2 + b^2 = c^2$

Das ist der Satz des Pythagoras.

Die lange Seite gegenüber dem rechten Winkel heißt **Hypotenuse**.
Die beiden kurzen Seiten heißen jeweils **Kathete**.

2 a) Bezeichne jeweils die Katheten und die Hypotenuse und trage diese in die Tabelle ein.

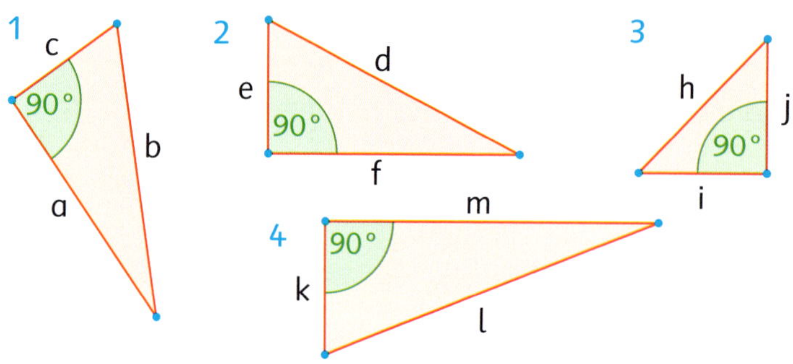

Dreieck	Katheten	Hypotenuse
1		
2		
3		
4		

b) Die Hypotenuse ist die ______________ Seite im Dreieck.

Sie liegt dem ______________ Winkel gegenüber.

Die Katheten sind die ______________ Seiten im Dreieck.

So gut kann ich die Aufgaben: ☺ 😐 ☹

So geht es: Seitenberechnung mit dem Satz des Pythagoras

Durch den Satz des Pythagoras kann ich fehlende Seiten in einem rechtwinkligen Dreieck berechnen.

Gegeben sind die Katheten mit $a = 3$ und $b = 4$ Kästchen.
Gesucht wird die Hypotenuse c.

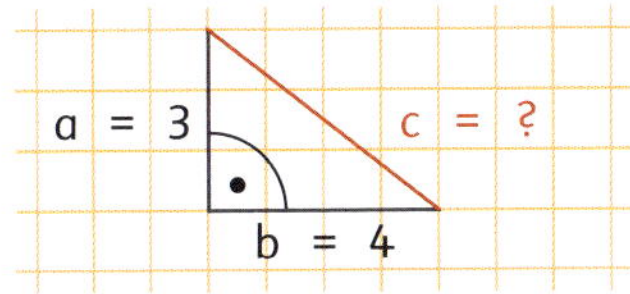

Ich muss rechnen: $c^2 = a^2 + b^2$
Dafür setze ich a und b in die Formel ein: $c^2 = 3^2 + 4^2$
Danach rechne ich aus: $c^2 = 9 + 16$

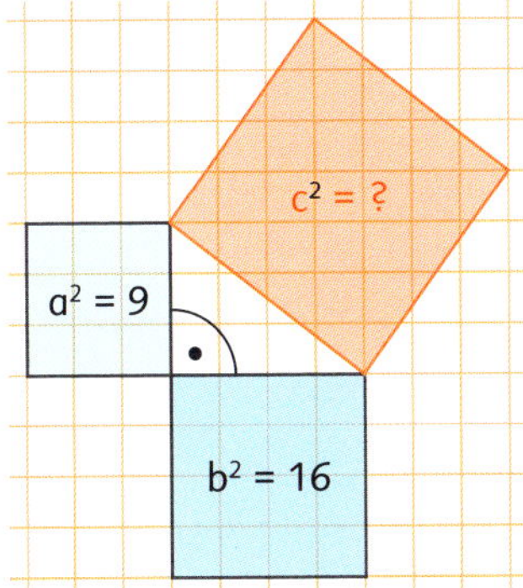

$c^2 = 9 + 16$
also $c^2 = 25$
Nun ziehe ich die Wurzel aus 25:
$c = \sqrt{25}$
also $c = 5$

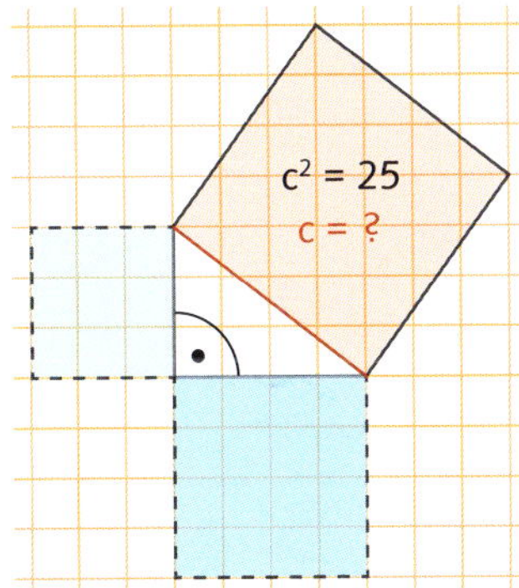

Die Hypotenuse c ist 5 Kästchen lang.

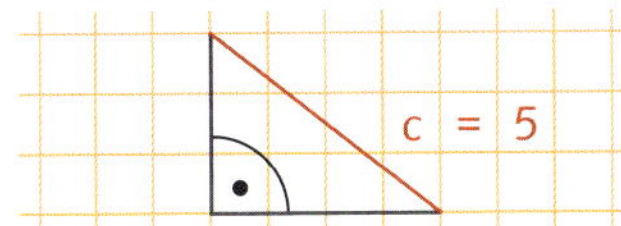

Gegeben sind die Kathete mit $b = 4$ und die Hypotenuse mit $c = 5$ Kästchen.
Gesucht wird die Kathete a.

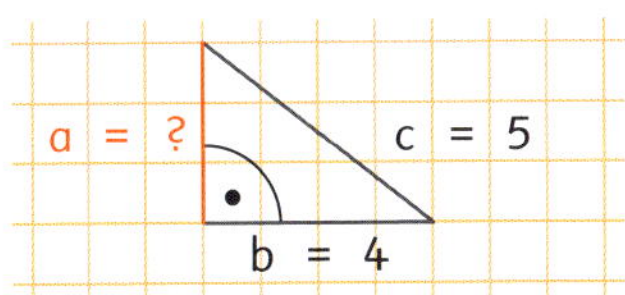

Ich muss rechnen: $a^2 = c^2 - b^2$
Dafür setze ich c und b in die Formel ein: $a^2 = 5^2 - 4^2$
Danach rechne ich aus: $a^2 = 25 - 16$

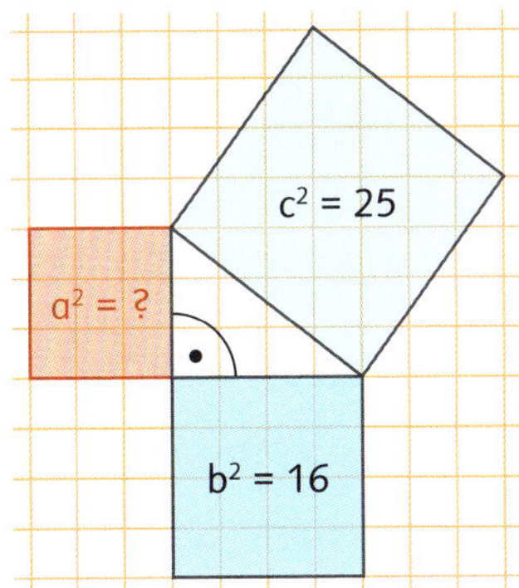

also $a^2 = 9$
Nun ziehe ich die Wurzel aus 9:
$a = \sqrt{9}$
also $a = 3$

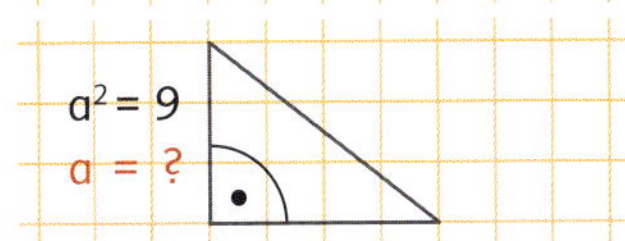

Die Kathete a ist 3 Kästchen lang.

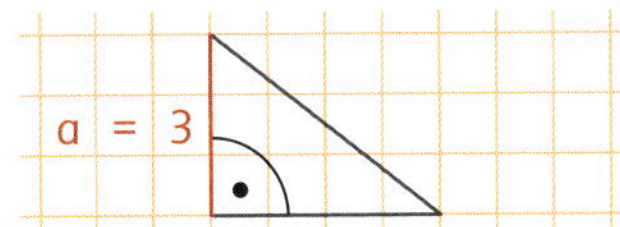

Seitenberechnung mit dem Satz des Pythagoras

1 Vervollständige den Merksatz.

In jedem ______________________________ gilt:

Die Summe der Flächeninhalte der beiden Quadrate über den kurzen Seiten

(______________________) ist gleich dem Flächeninhalt des Quadrats der

längeren Seite (______________________).

Die Formel lautet: ______________________

2 Notiere den Satz des Pythagoras für Dreiecke mit folgenden Seitenbezeichnungen.

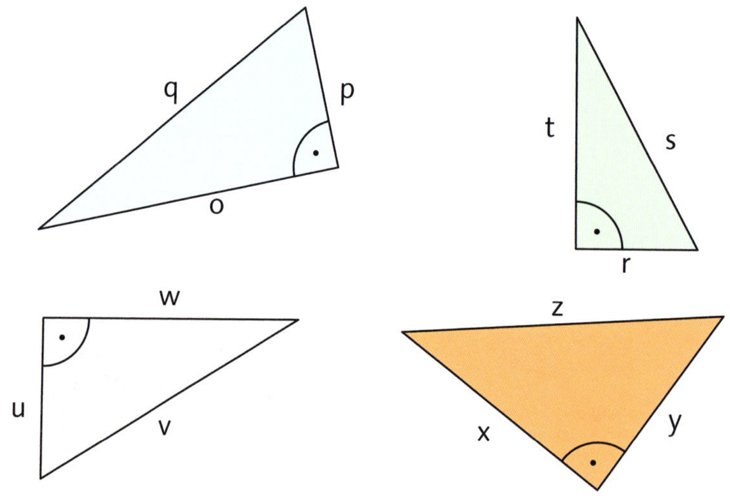

a) ______________________ b) ______________________

c) ______________________ d) ______________________

3 Skizziere das Dreieck ABC. Beschrifte jeweils die Katheten a und b und die Hypotenuse c.
Berechne die fehlende Seite des Dreiecks.
a = 12 cm, b = 15 cm

Skizze:

4 Berechne die fehlende Seitenlänge. Nutze den Taschenrechner.
Runde auf zwei Stellen nach dem Komma.

	a)	b)	c)	d)
Kathete a	3,4 m	20,7 dm		5,4 cm
Kathete b	3,5 m		11,5 mm	5,4 cm
Hypotenuse c		25,8 dm	34,7 mm	

5 a) Zeichne den rechten Winkel ein und ergänze die Bezeichnungen der Seiten.

b) Bestimme, was gegeben und was gesucht ist.

c) Berechne die fehlende Seitenlänge. Runde auf zwei Stellen nach dem Komma.

geg.: Kathete a =

ges.:

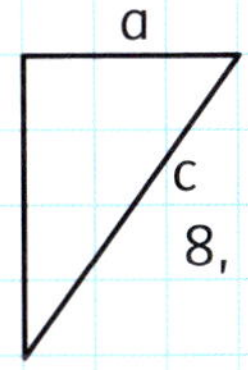

geg.:

ges.:

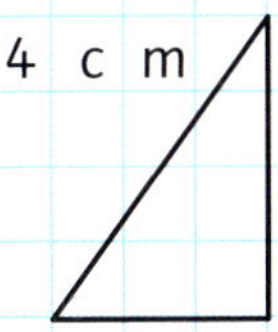

6 Bei der Berechnung der Kathete ist ein Fehler passiert. Finde ihn und rechne richtig.

geg.: Kathete b = 3,8 cm
Hypotenuse c = 4,7 cm

ges.: Kathete a = ?

$a^2 = c^2 + b^2$

$a^2 = 4,7 + 3,8$

$a^2 = 36,53$

$a = \sqrt{36,53}$

$a = 6,04$ cm

Skizze:

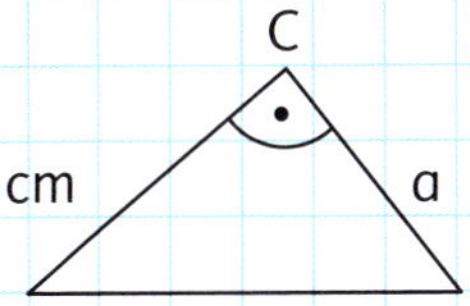

7 a) Notiere für jedes Dreieck die Gleichung nach dem Satz des Pythagoras.

1

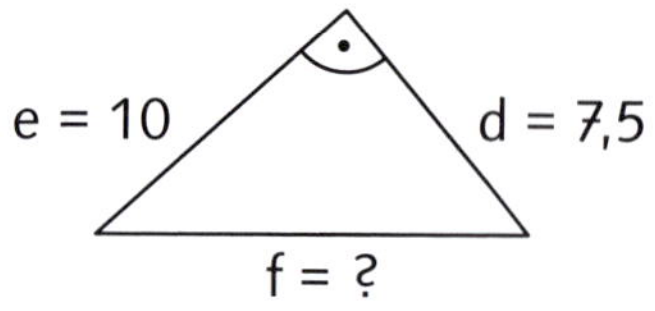

2

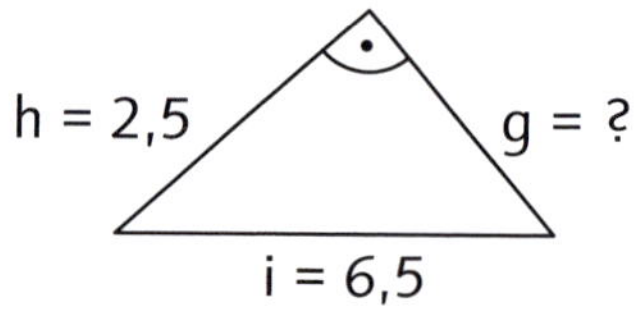

3

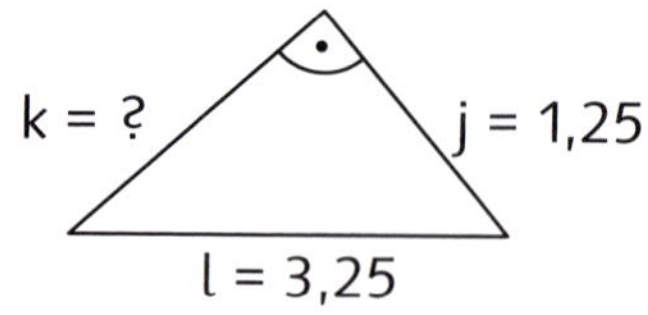

b) Berechne jeweils die fehlende Seitenlänge. Nutze den Taschenrechner.

	Dreieck 1	Dreieck 2	Dreieck 3
Kathete	d = 7,5		
Kathete			
Hypotenuse			

8 a) Zeichne den rechten Winkel ein.

b) Bestimme, was gegeben und was gesucht ist.

c) Berechne die fehlende Seitenlänge.

geg.:

ges.:

Skizze:

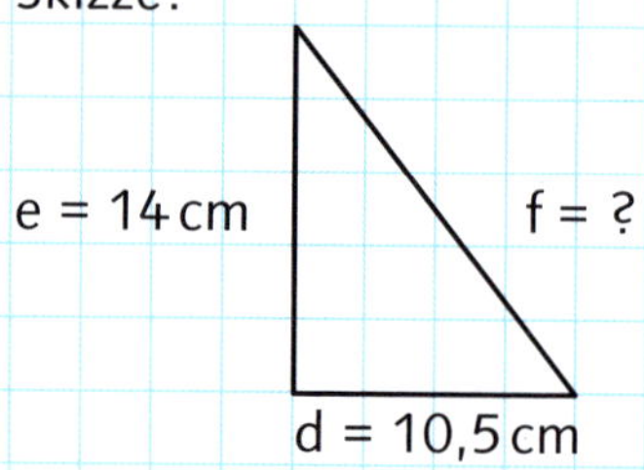

9 a) Zeichne ein Quadrat mit der Seitenlänge a = 3 cm.

b) Berechne die Länge der Diagonalen d. Runde auf zwei Stellen nach dem Komma.

c) Kontrolliere deine Rechnung durch Nachmessen.

10 Berechne die Länge der Seite x.

Ich kennzeichne zuerst das rechtwinklige Dreieck.

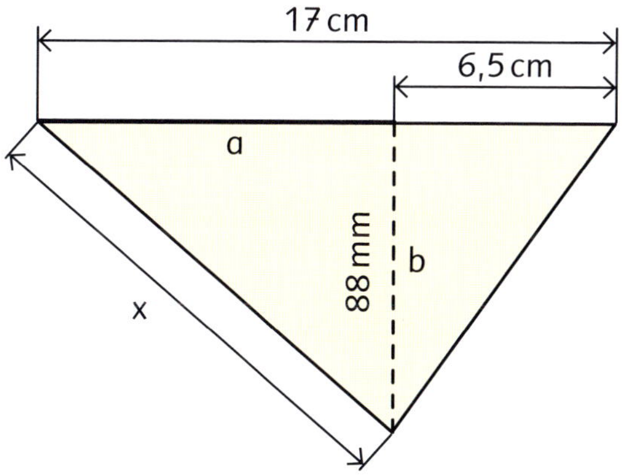

11 Berechne den Umfang des Rechtecks.

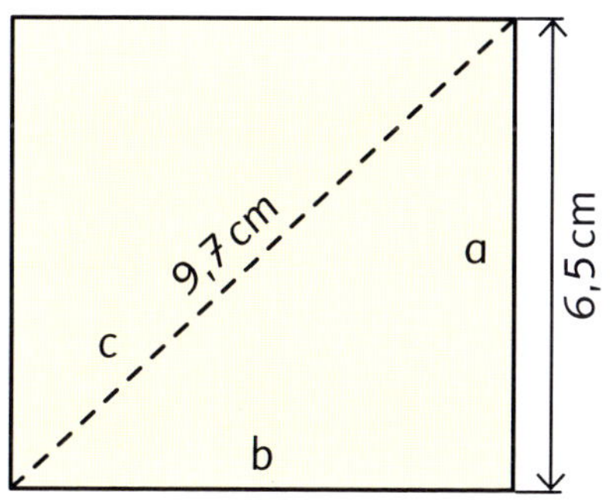

12 Ein rechtwinkliges Dreieck ist mit einem gleichseitigen Dreieck zu einer Figur zusammengesetzt.
Berechne den Umfang.

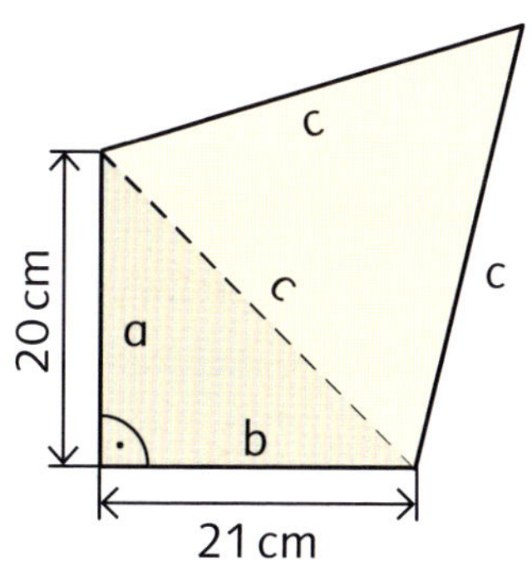

13 Tim und Ben diskutieren darüber, welcher Weg zum Treffpunkt mit Kenan der kürzere ist. Tim bevorzugt den Weg über den Sperberweg und Ben bevorzugt den Amselweg.
Welcher Weg zu Kenan ist kürzer?

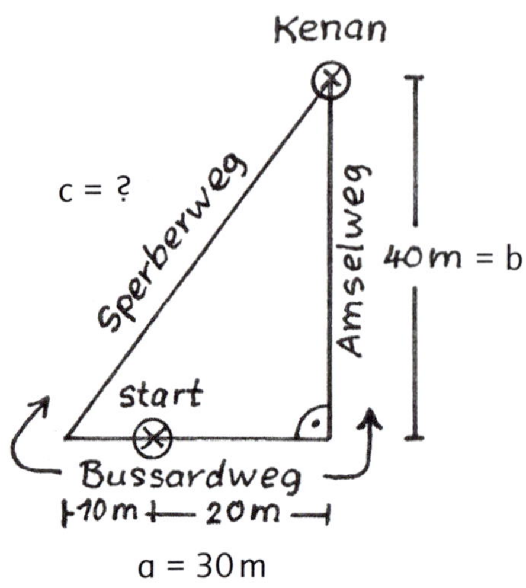

Antwort: ____________________

14 Auf dem Informationsblatt einer Leiter aus dem Baumarkt steht, dass sie bei einer Länge von 4,20 m bis zu einer Höhe von maximal 4 m reicht, wenn man die Leiter 1 m von der Wand entfernt aufstellt.
Überprüfe dem Satz des Pythagoras, ob die Angabe des Herstellers richtig ist.

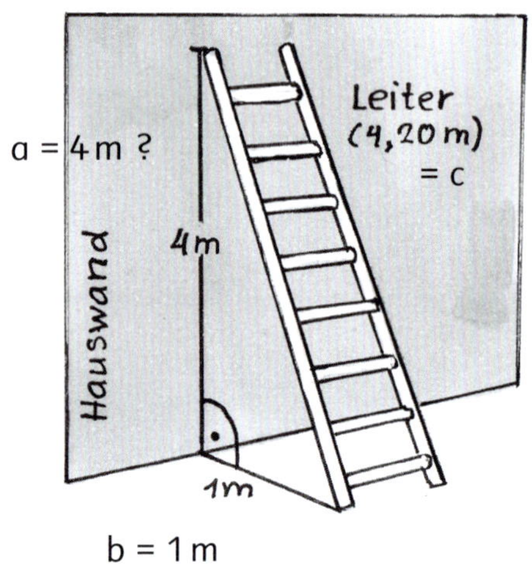

Antwort: ____________________

Das kann ich schon

1 Berechne mit dem Satz des Pythagoras jeweils den Flächeninhalt des fehlenden Quadrats. Entnimm die benötigten Maße der Zeichnung. Nutze den Taschenrechner. Runde bei Bedarf auf zwei Stellen nach dem Komma.

a)

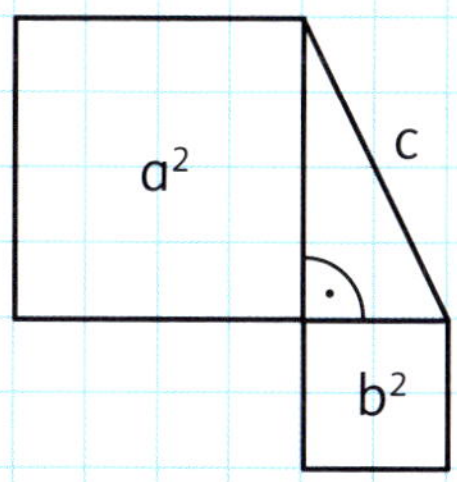

b)

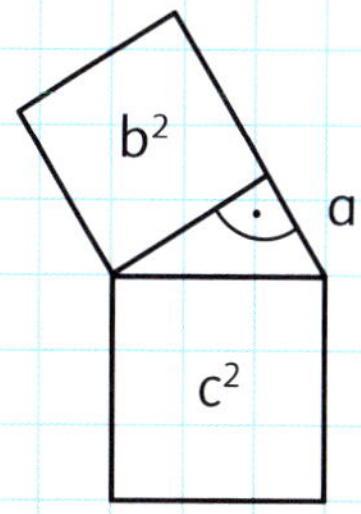

2 Berechne die fehlende Seitenlänge. Nutze den Taschenrechner. Runde auf zwei Stellen nach dem Komma.

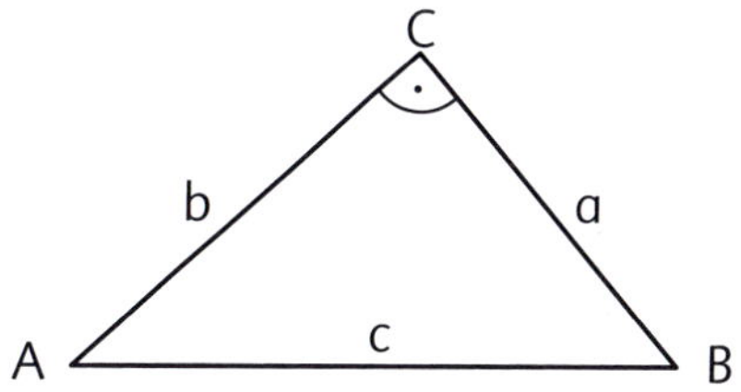

	a)	b)	c)	d)
Kathete a	6 cm	9 dm		8,3 m
Kathete b	7 cm		11 mm	8,3 m
Hypotenuse c		12 dm	15 mm	

3 Berechne jeweils die Diagonale c des Rechtecks. Nutze den Taschenrechner.

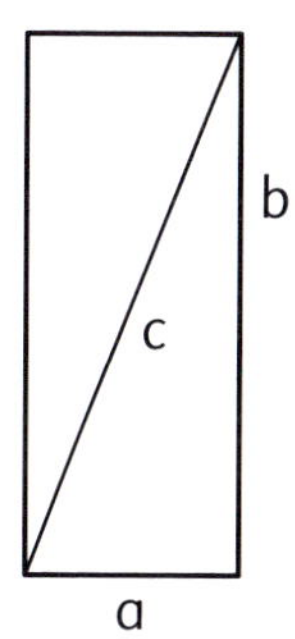

	a)	b)
Seite a	1,5 cm	500 mm
Seite b	3,6 cm	
Diagonale c		1 300 mm

Start ins Thema: Körper unterscheiden und zeichnen

1 Welche Körper sind abgebildet?

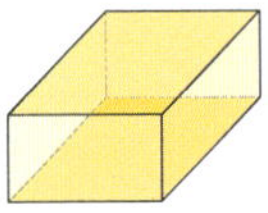 ______________

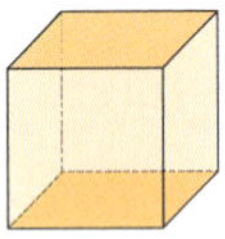 ______________

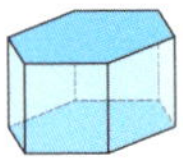 ______________

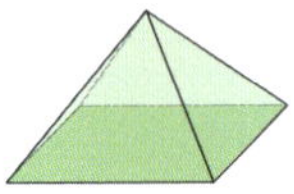 ______________

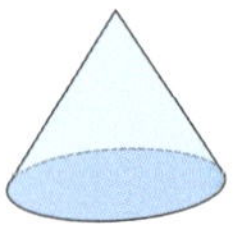 ______________

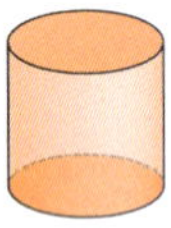 ______________

 ______________

2 Für welche Körper gelten die Aussagen?

a) Der Körper hat parallel zueinander verlaufende Kanten.

____

b) Der Körper hat dreieckige Seitenflächen. ______________

c) Der Körper hat keine geraden Kanten. ______________

d) Das Netz diese Körpers kann man nicht zeichnen. ______________

e) Der Körper kann quadratische und rechteckige Seitenflächen haben.

____

f) Der Körper hat 18 Kanten. ______________

3 Ergänze die Schrägbilder der Körper. Verdeckte Kanten werden gestrichelt gezeichnet. Benenne anschließend die Körper.

a) 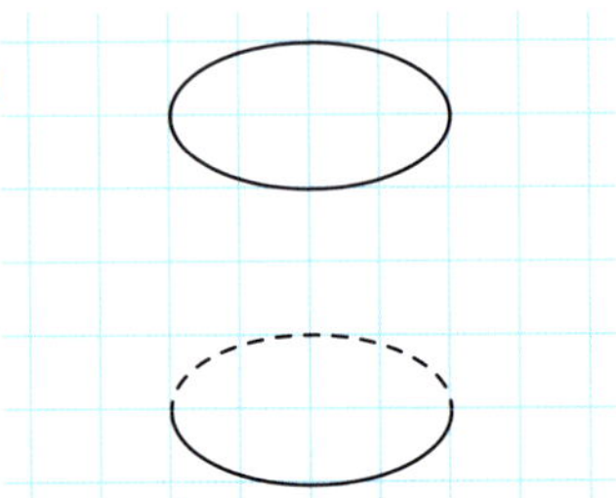

____

b) 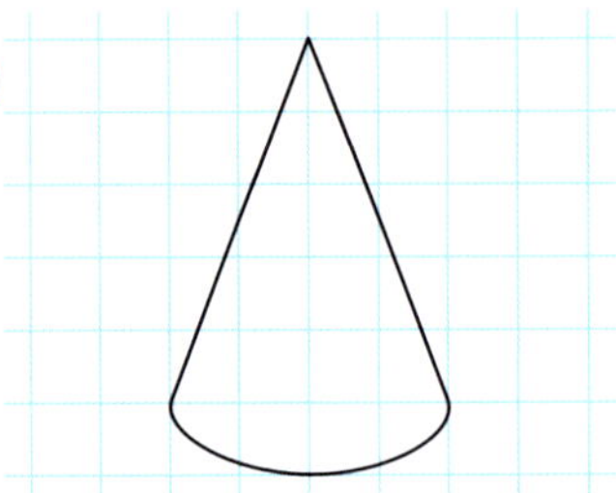

____

c) 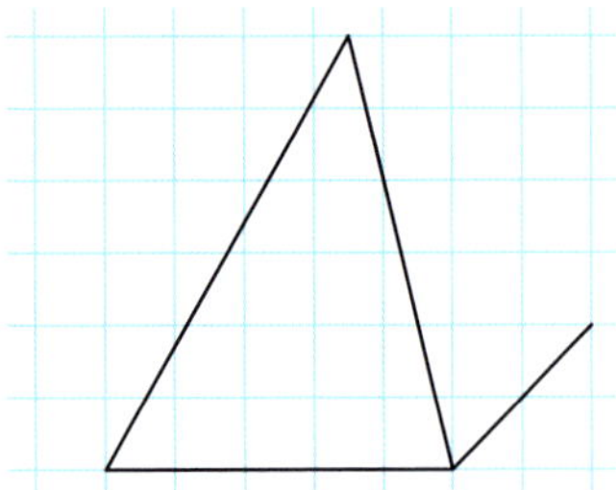

____

So gut kann ich die Aufgaben: ☺ 😐 ☹

So geht es: Körper zeichnen

Quader

So zeichnest du das Schrägbild eines Quaders.
Kantenlängen: a = 5 cm, b = 2 cm, c = 4 cm

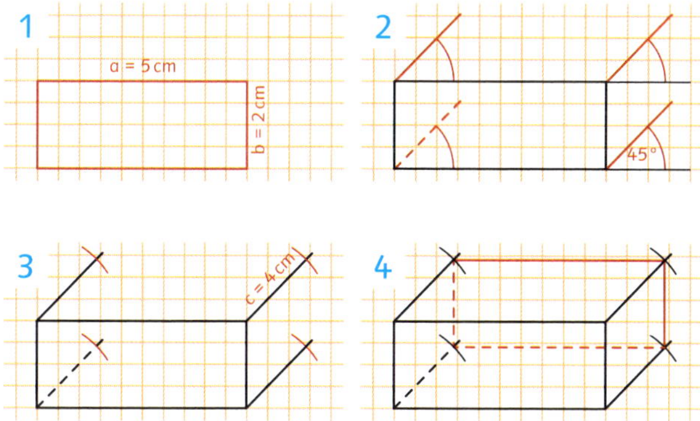

Tipp: Die Länge der nach hinten verlaufenden Kanten muss immer halbiert werden:
c = 4 cm   4 cm : 2 = 2 cm

Tipp: Verdeckte Kanten werden gestrichelt gezeichnet.

Pyramide

So zeichnest du das Schrägbild einer Pyramide mit den Kantenlängen a = 4 cm und der Höhe h = 3 cm.

1 Zeichne zuerst die Grundfläche. Verdeckte Kanten werden gestrichelt.

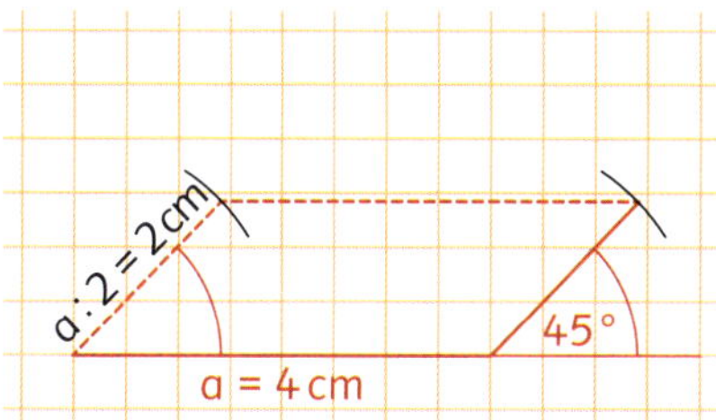

2 Zeichne danach die Diagonalen ein.

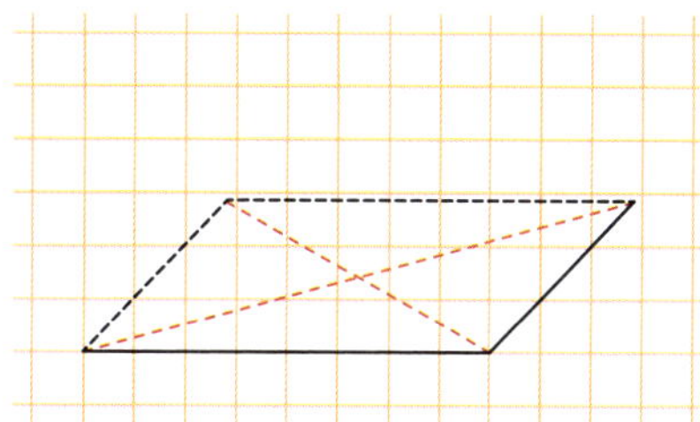

3 Trage anschließend die Höhe ab.

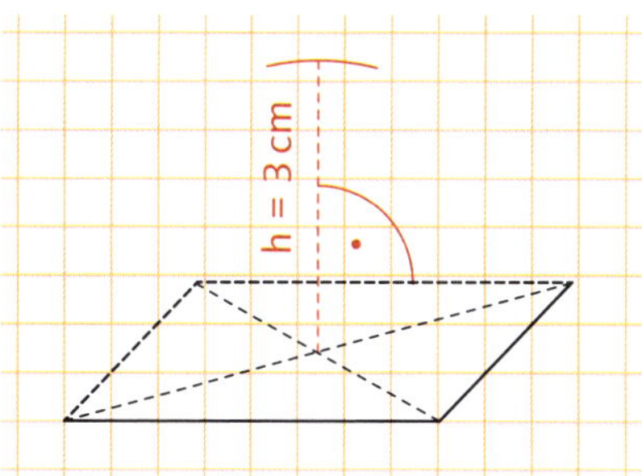

4 Verbinde nun die Eckpunkte.

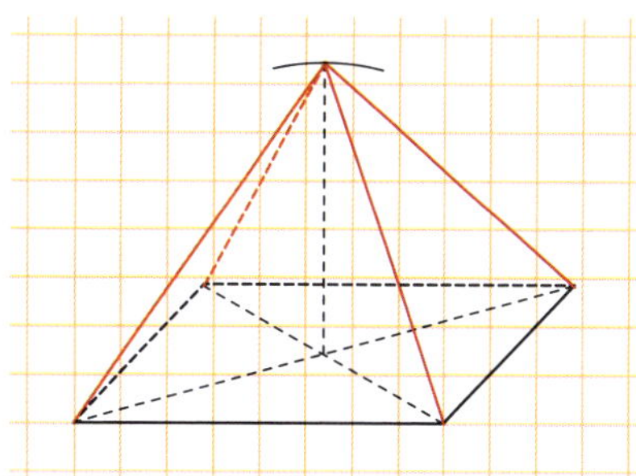

Kegel

So zeichnest du einen Kegel mit dem Durchmesser d = 2 cm und der Höhe h_k = 2 cm.

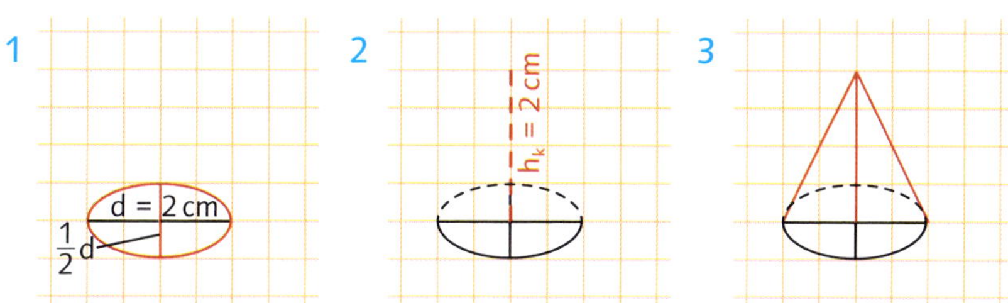

Tipp: Beachte, die Grundfläche wird freihand skizziert.

Körper zeichnen

1 Konstruiere folgende Quader. Fertige zuerst eine Skizze an.

a) geg.:
$a = 2{,}5\,cm$
$b = 4{,}0\,cm$
$h_K = 4{,}5\,cm$

Skizze:

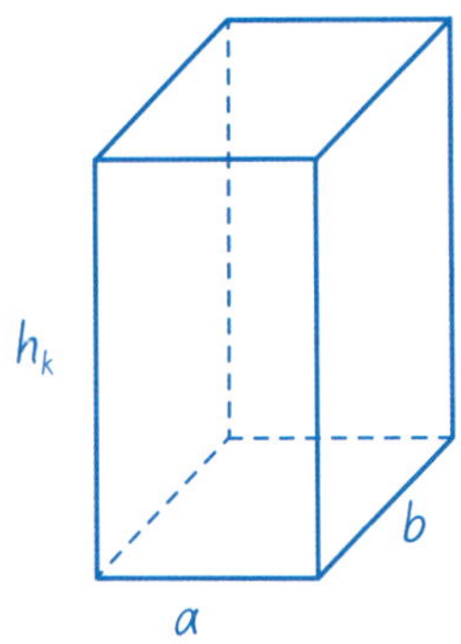

a)

b) geg.:
$a = 5\,cm$
$b = 3\,cm$
$h_K = 4\,cm$

Skizze:

b)

c) geg.:
$a = 4{,}5\,cm$
$b = 6\,cm$
$h_K = 3{,}5\,cm$

Skizze:

c)

2 Konstruiere folgende Pyramiden. Fertige zuerst eine Skizze an.

a) Quadratische Pyramide
geg.:
$a = 4{,}0\,cm$
$h_K = 4{,}5\,cm$

Skizze:

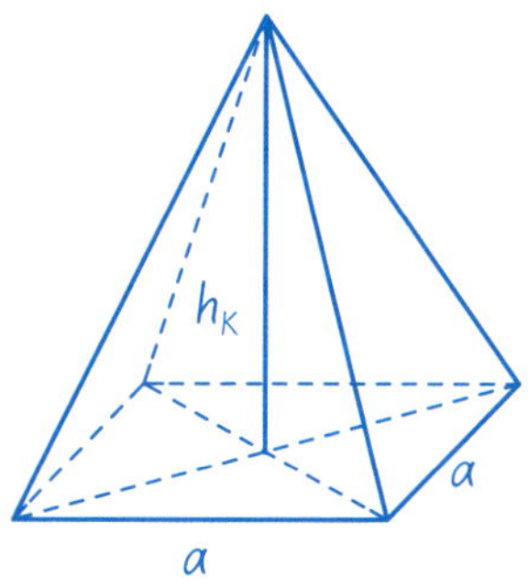

a)

b) Rechteckpyramide
geg.:
$a = 6\,cm$
$b = 3\,cm$
$h_K = 4\,cm$

Skizze:

b)

c) Dreieckspyramide
geg.:
$a = 4\,cm$ $b = 4{,}5\,cm$
$c = 6\,cm$ $h_K = 3{,}5\,cm$

c)

Konstruktion des Hilfsdreiecks:

3 Konstruiere folgende Zylinder. Fertige zuerst eine Skizze an.

a) geg.:
$d = 4{,}0\,cm$
$h_K = 3{,}5\,cm$

Skizze:

a)

b) geg.:
$r = 3\,cm$
$h_K = 2{,}5\,cm$

Skizze:

b)

c) liegender Zylinder
geg.:
$d = 3\,cm$
$h_K = 8\,cm$

Skizze:

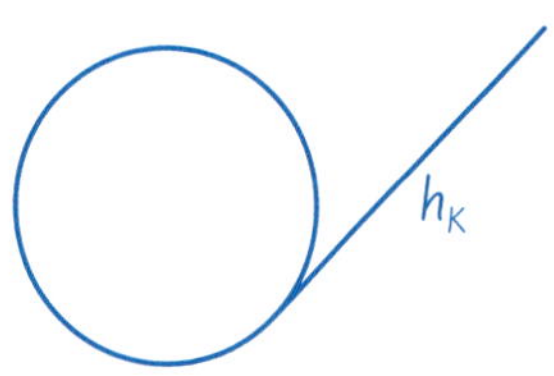

c)

4 Konstruiere folgende Kegel. Fertige zuerst eine Skizze an.

a) geg.:
$d = 4{,}0\,cm$
$h_K = 4{,}5\,cm$

Skizze:

a)

b) geg.:
$r = 4\,cm$
$h_K = 4{,}5\,cm$

Skizze:

b)

c) liegender Kegel
geg.:
$d = 4\,cm$
$h_K = 8\,cm$

Skizze:

c)

So geht es: Oberfläche und Volumen von Körpern berechnen

Die Oberfläche eines Körpers ist die Summe der Flächeninhalte seiner Teilfächen.

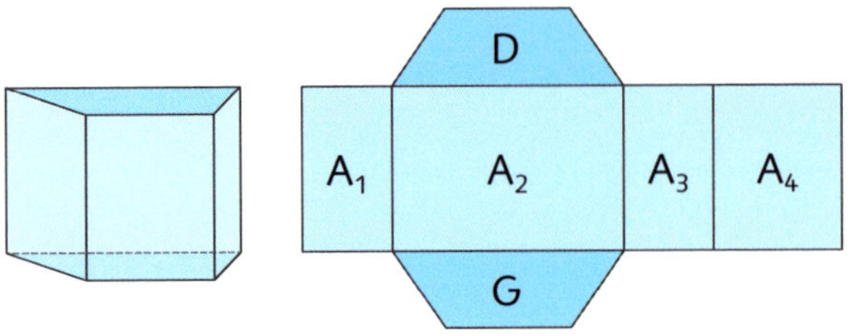

$O_{Körper} = G + D + A_1 + A_2 + A_3 + A_4$

Oberfläche und Volumen von Prismen und Zylindern

Die Oberfläche eines Prismas oder eines Zylinders werden so berechnet:

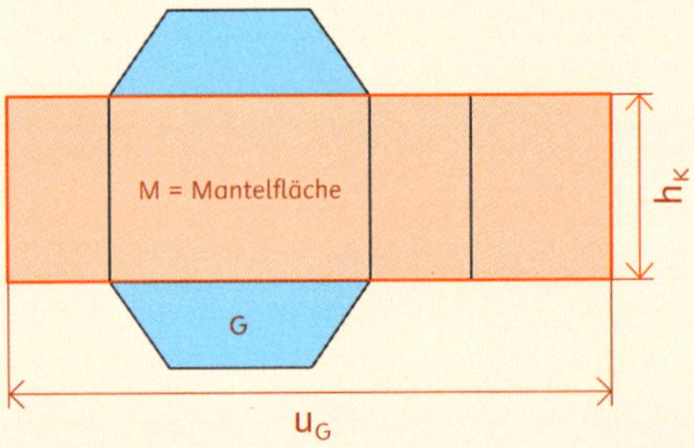

$O = 2 \cdot G + M$

$M = u_G \cdot h_K$

Das Volumen eines Prismas oder eines Zylinders wird berechnet, indem der Flächeninhalt der Grundfläche G mit der Körperhöhe h_K multipliziert wird.

Volumen = Grundfläche · Körperhöhe

$V = G \cdot h_K$

Oberfläche und Volumen von Pyramiden und Kegeln

Die Oberfläche und das Volumen einer Pyramide oder eines Zylinders werden mit folgenden Formeln berechnet:

$O = G + M$ $\qquad$ $V = \frac{1}{3} \cdot G \cdot h_K$

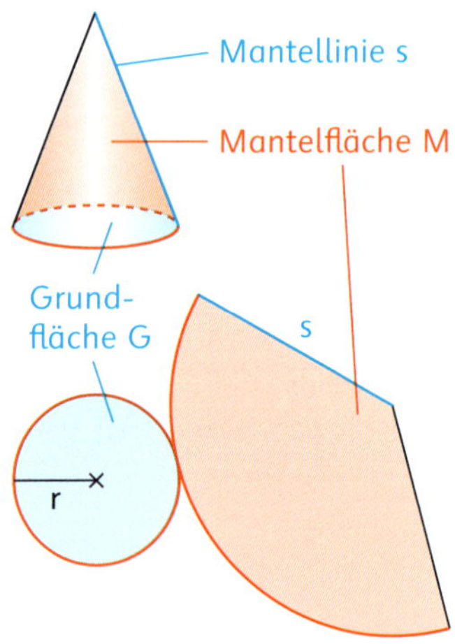

Kegel haben wie Zylinder eine kreisförmige Grundfläche. Die Mantelfläche ist ein Kreisausschnitt. Der Flächeninhalt eines Kegelmantels wird so berechnet:

$M = \pi \cdot r \cdot s$

Oberfläche und Volumen von Kugeln

Die Oberfläche und das Volumen von Kugeln werden mit folgenden Formeln berechnet:

$O = 4 \cdot \pi \cdot r^2$ $\qquad$ $V = \frac{4}{3} \cdot \pi \cdot r^3$

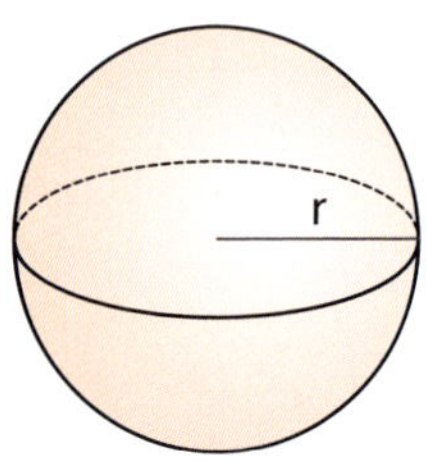

Oberfläche und Volumen von Prismen

1 Schreibe die Formeln für die Berechnung der Oberfläche und das Volumen von Prismen auf.

Oberfläche: Volumen:

2 a) Beschrifte das Netz des abgebildeten Prismas mit den Maßen:
$a = 3\,cm$, $b = 2\,cm$, $c = 3{,}5\,cm$, $h_D = 1{,}8\,cm$, $h_K = 2{,}5\,cm$

b) Färbe im Schrägbild und im Körpernetz die Grundfläche und die Mantelfläche jeweils in der gleichen Farbe ein.

c) Berechne die Oberfläche mit der Formel.

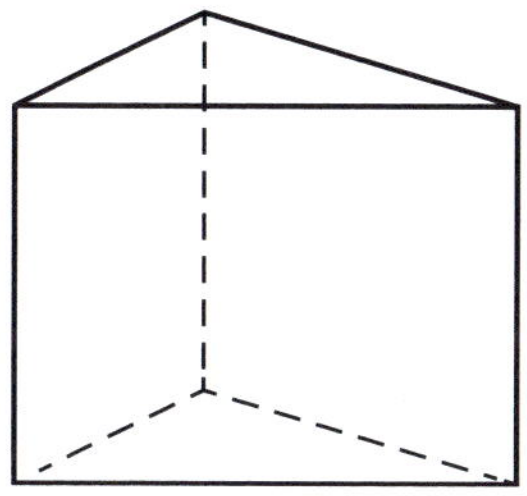

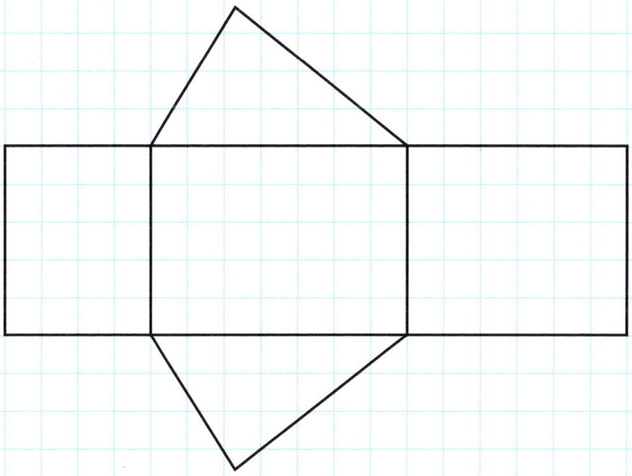

3 Abgebildet ist die Grundfläche eines Prismas. Die Körperhöhe beträgt 18 cm.
Berechne das Volumen.

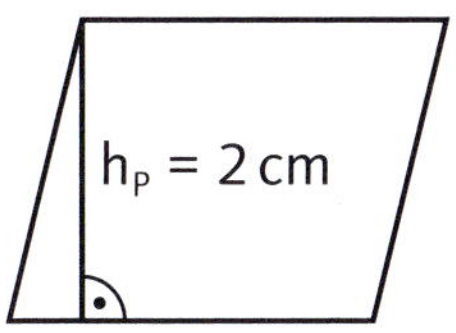

4 Miss zuerst nach und beschrifte die Prismen. Kennzeichne die jeweilige Grundfläche und die Höhen farbig. Berechne danach das Volumen der Prismen. Beachte, dass nach hinten verlaufende Körperkanten im Schrägbild um die Hälfte verkürzt dargestellt sind.

a)

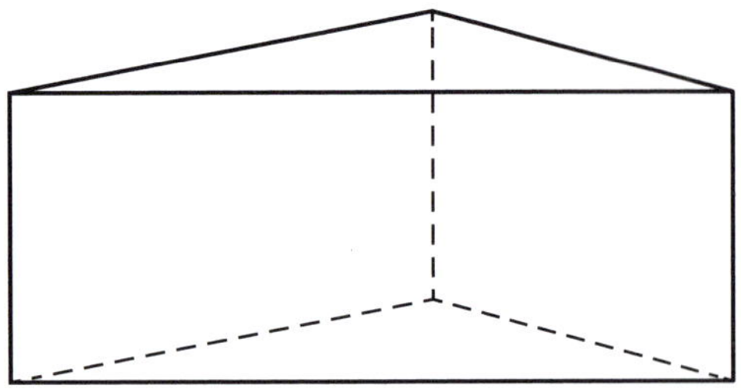

geg.: $c = 6{,}5\,cm$
$h_D = 2\,cm$
$h_k = 2{,}5\,cm$

a) ges.: $V = ?$

F.: $V = G \cdot h_K$ $\quad G = \frac{c \cdot h_D}{2}$

R.:

b)

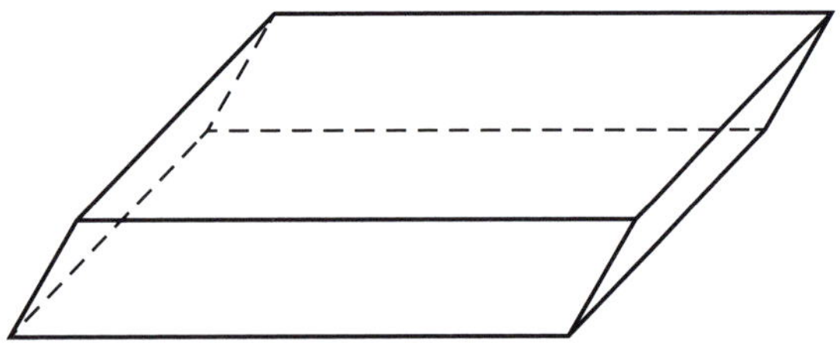

geg.: $a = 5\,cm$
$b = 1{,}2\,cm$
$h_p = 1\,cm$
$h_k = 5\,cm$

b) ges.:

c)

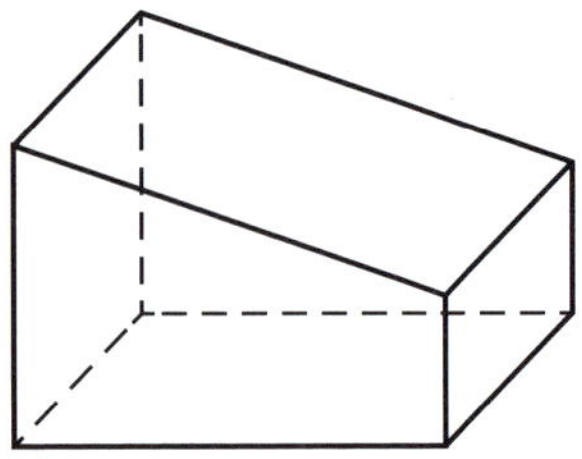

geg.: $a = 2\,cm$
$c = 1\,cm$
$h_T = 3\,cm$
$h_k = 2{,}5\,cm$

c) ges.:

Oberfläche und Volumen von Zylindern

1 Schreibe die Formeln für die Berechnung der Oberfläche und das Volumen von Zylindern auf.

Oberfläche: Volumen:

2 a) Beschrifte das Netz des abgebildeten Zylinders mit den Maßen: $d = 1{,}5\,\text{cm}$, $h_K = 3{,}5\,\text{cm}$

b) Färbe im Schrägbild und im Körpernetz die Grundfläche und die Mantelfläche jeweils in der gleichen Farbe ein.

c) Berechne die Oberfläche mit der Formel.

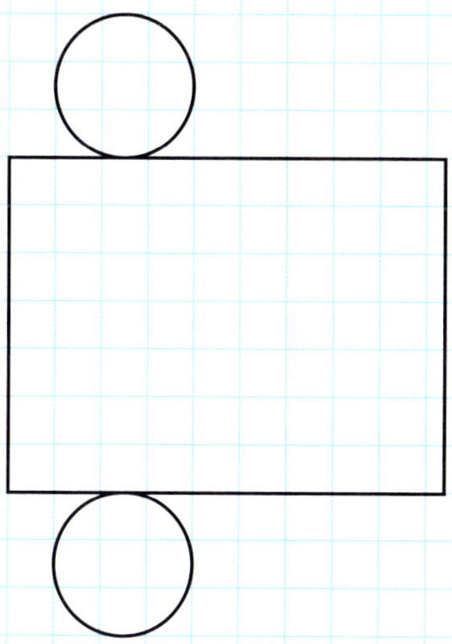

3 Abgebildet ist die Grundfläche eines Zylinders. Die Körperhöhe beträgt 21 cm. Berechne das Volumen.

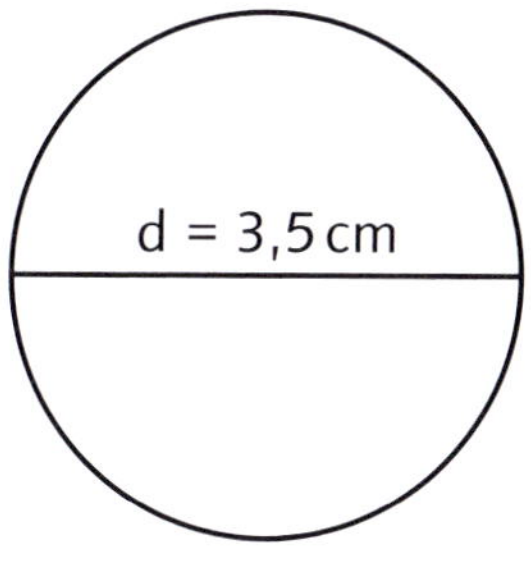

4 Beschrifte die Zylinder. Kennzeichne jeweils die Grundfläche und die Höhe farbig. Berechne danach das Volumen der Zylinder.

a)

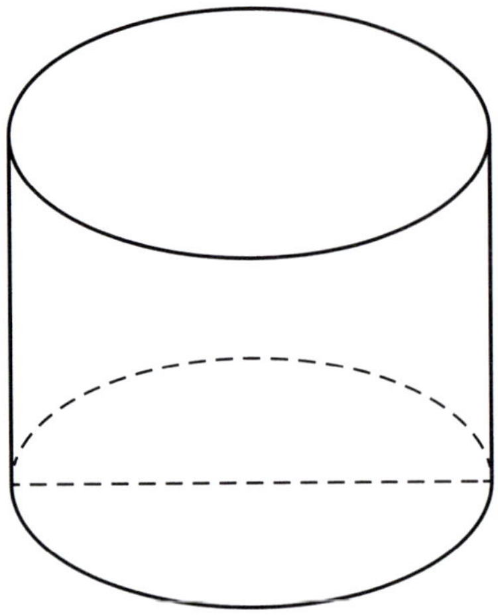

geg.: r = 2,5 cm
h_k = 3,5 cm

a) ges.:

F.:

R.:

b)

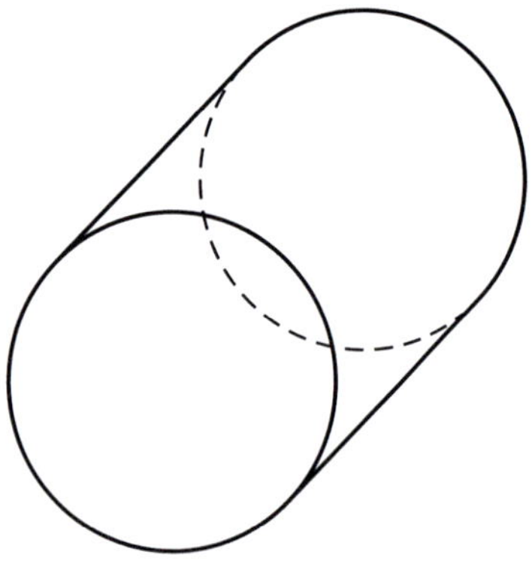

geg.: d = 3 cm
h_k = 5 cm
r = 1,5 cm

b)

c)

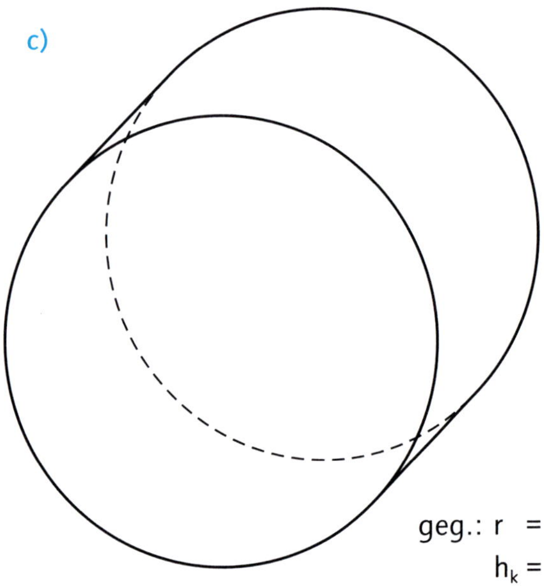

geg.: r = 3 cm
h_k = 4 cm

c)

Oberfläche und Volumen von Pyramiden

1 a) Zeichne das Netz einer Pyramide mit einer quadratischen Grundfläche.
Die Maße sind: $a = 1{,}5\,\text{cm}$ und $h_a = 2\,\text{cm}$.

b) Berechne die Oberfläche der Pyramide.

Körpernetz der Pyramide:

Oberfläche der Pyramide:

geg.: ges.: $O = ?$

2 Die Länge der Grundseite a einer Pyramide mit quadratischer Grundfläche beträgt 10 cm.
Die Höhe der Seitenflächen beträgt $h_a = 13\,\text{cm}$.

a) Wie hoch ist die Pyramide?

geg.: ges.: $h_k = ?$

b) Berechne das Volumen der Pyramide.

geg.: ges.: $V = ?$

c) Beschrifte das Schrägbild, indem du die Seite a und die Höhen h_a und h_K farbig markierst und ihre Längen einträgst.

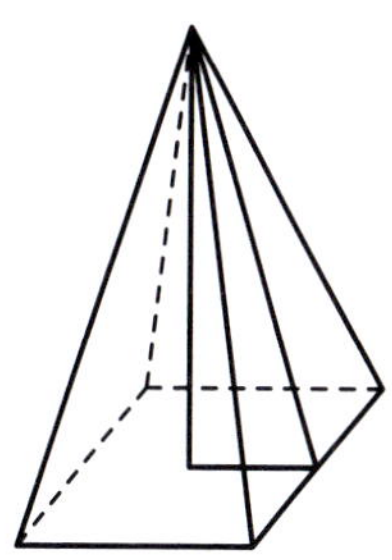

Oberfläche und Volumen von Kegeln und Kugeln

1 Kennzeichne bei den abgebildeten Kegeln die Grundfläche farbig.
Berechne jeweils die Oberfläche und das Volumen.

a)

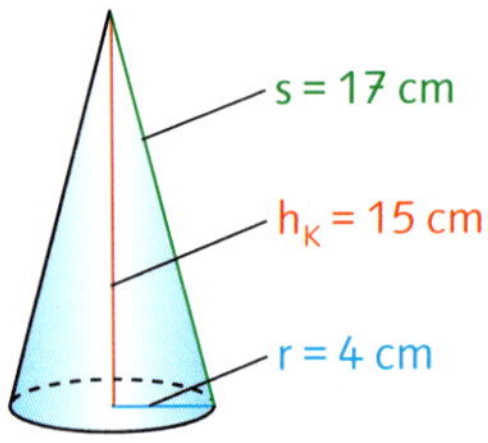

geg.:

ges.:

ges.:

b)

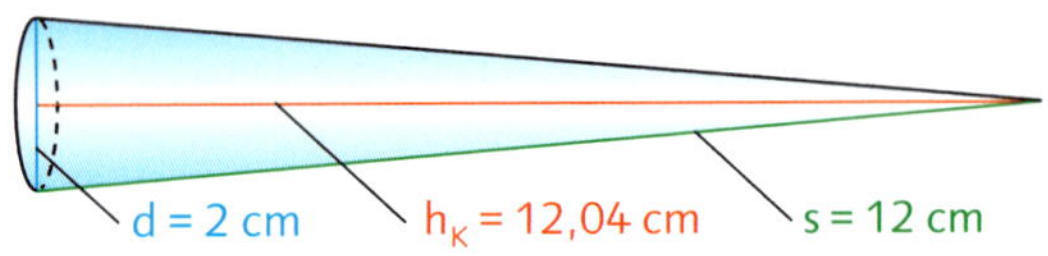

geg.:

ges.:

ges.:

2 a) Berechne das Volumen
und die Oberfläche der Kugel.
geg.: r = 5,3 cm

ges.:

ges.:

b) Berechne den Radius
und das Volumen der Kugel.
geg.: O = 200,96 cm^2

ges.:

ges.:

Zusammengesetzte Körper

1 a) Zerlege zuerst den Körper sinnvoll und Färbe danach die Teilkörper in der oberen Zeichnung unterschiedlich ein.

b) Benenne die Teilkörper.

c) Notiere alle notwendigen Seitenangaben in die untere Zeichnung.

d) Berechne zuerst das Volumen der beiden Teilkörper.

e) Berechne das Gesamtvolumen.

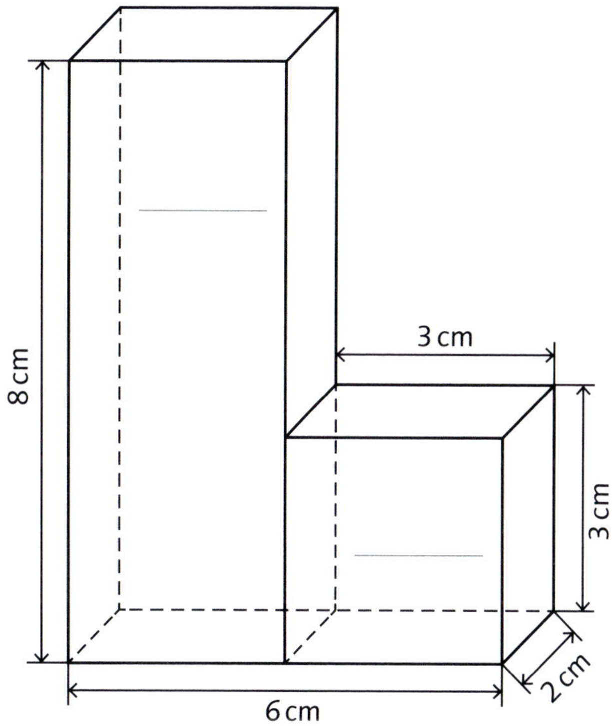

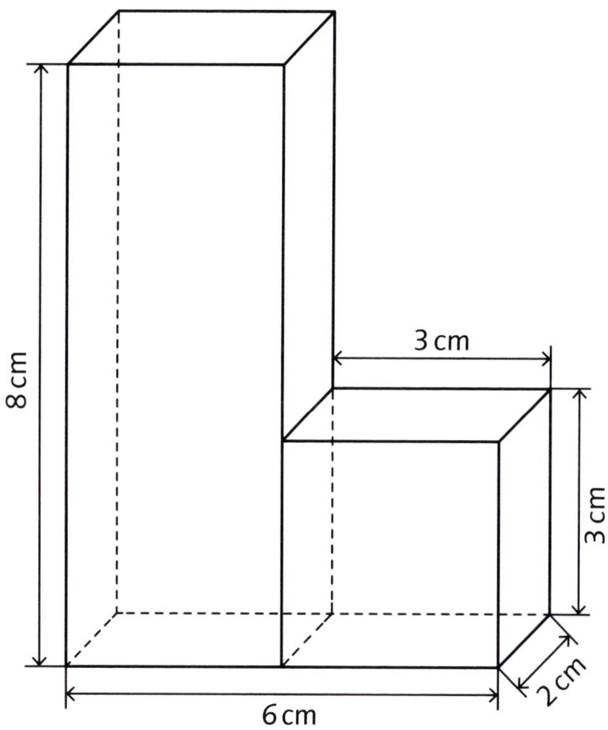

2 a) Zerlege zuerst den Körper sinnvoll und Färbe danach die Teilkörper in der oberen Zeichnung unterschiedlich ein.

b) Benenne die Teilkörper.

c) Notiere alle notwendigen Seitenangaben in die untere Zeichnung.

d) Berechne zuerst das Volumen der beiden Teilkörper.

e) Berechne das Gesamtvolumen.

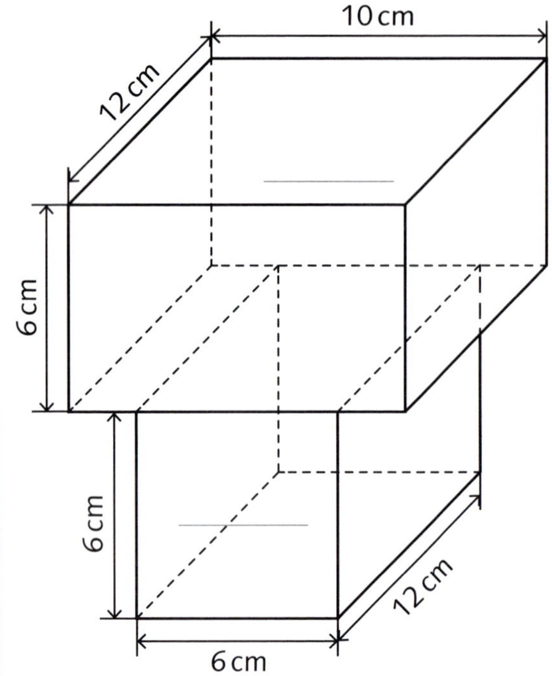

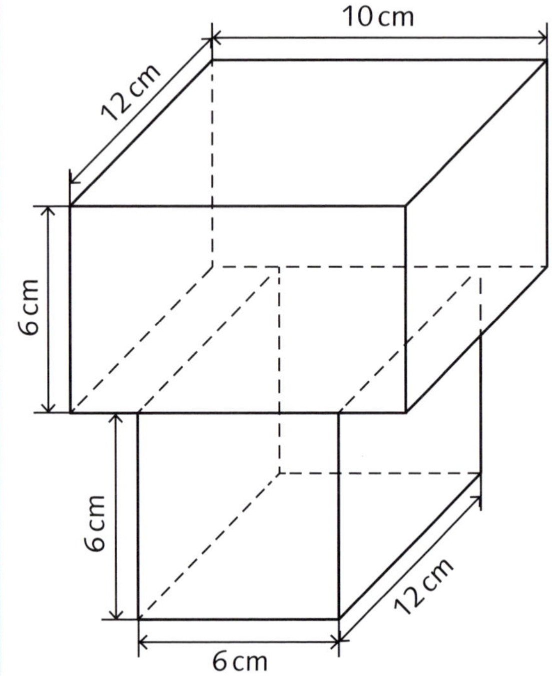

3 Durch einen Würfel wurde ein Loch gebohrt. Berechne das Volumen des entstandenen Körpers.

a) Zerlege zuerst den Körper sinnvoll und Färbe danach die Teilkörper in der oberen Zeichnung unterschiedlich ein.

b) Benenne die Teilkörper.

c) Notiere alle notwendigen Seitenangaben in die untere Zeichnung.

d) Berechne zuerst das Volumen der beiden Teilkörper.

e) Berechne das Gesamtvolumen.

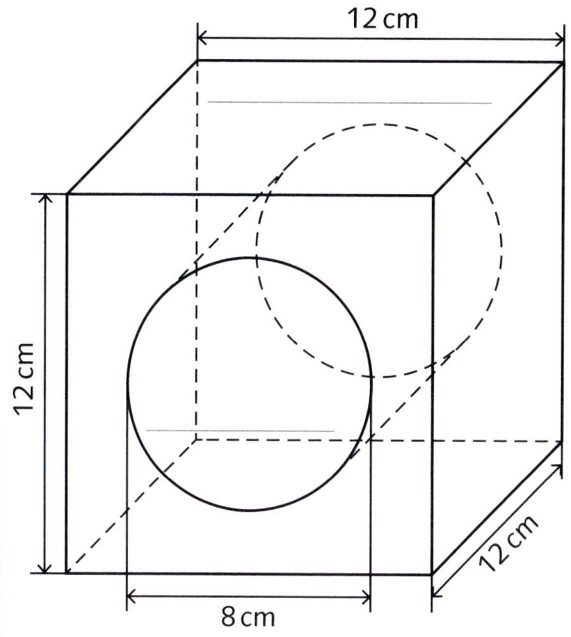

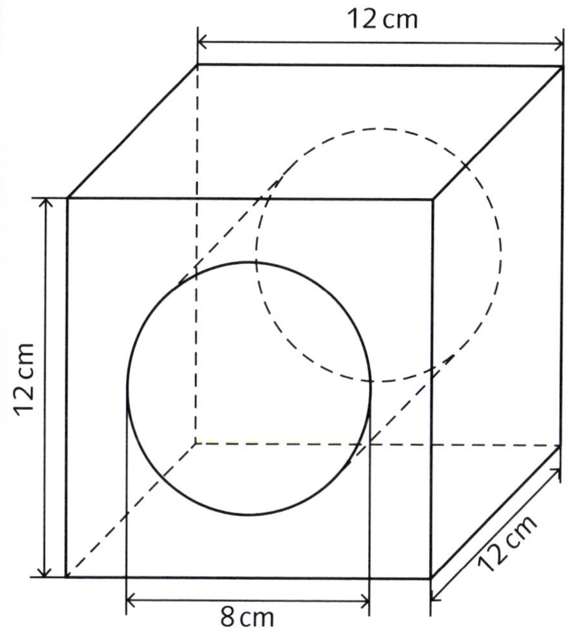

So geht es: Maßstab und technisches Zeichnen

Maßstab

Der Maßstab beschreibt das Verhältnis von Bild und Wirklichkeit.

1 : 5	5 : 1
Bild : Wirklichkeit	Bild : Wirklichkeit
Das Bild ist 5-mal **kleiner** als die Wirklichkeit.	Das Bild ist 5-mal **größer** als die Wirklichkeit.
1 cm im Bild entsprechen 5 cm in der Wirklichkeit.	5 cm im Bild entsprechen 1 cm in der Wirklichkeit.

Wenn ich vom Plan in die Wirklichkeit übertrage, dann muss ich **multiplizieren**.

Maßstab 1 : 200000

Wenn ich von der Wirklichkeit in den Plan übertrage, dann muss ich **dividieren**.

Technisches Zeichnen

Die Strichlinie kennzeichnet verdeckte Kanten.

Die breite Volllinie kennzeichnet den Umriss.

Die schmale Volllinie ist eine Hinweis- oder Bezugslinie.

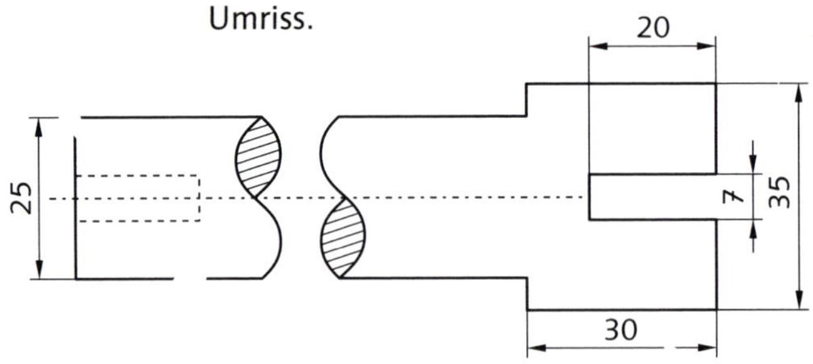

Die Mittellinie oder Symmetrielinie wird durch eine Strichpunktlinie gekennzeichnet.

Die Maßzahlen beziehen sich immer auf mm.

In einer technischen Zeichnung werden alle Informationen, die zur Herstellung eines Bauteils benötigt werden, zeichnerisch dargestellt. Häufig werden hierzu verschiedene Ansichten genutzt.
Alle Maße müssen eindeutig ablesbar sein.

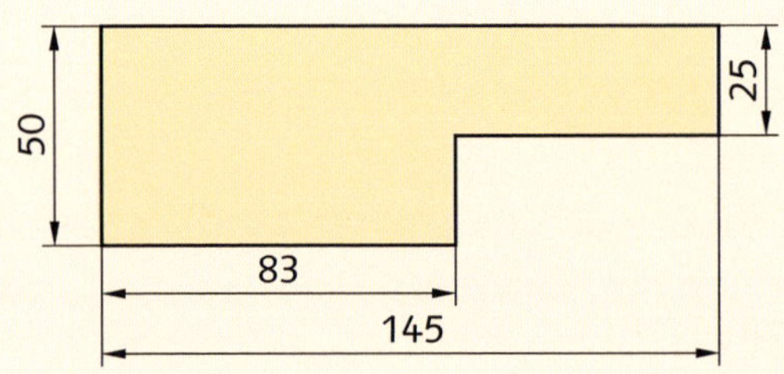

Maßstab

1 Gib für die angegebenen Maßstäbe die Länge in der Wirklichkeit an.

Maßstab	1 cm im Plan entsprechen …		
1 : 10	cm in der Wirklichkeit.		
1 : 100	cm oder	m in der Wirklichkeit.	
1 : 1000	cm oder	m in der Wirklichkeit.	
1 : 25000	cm oder	m in der Wirklichkeit.	
1 : 200000	cm oder	m oder	km in der Wirklichkeit.
1 : 450000	cm oder	m oder	km in der Wirklichkeit.

2 Gib für die angegebenen Maßstäbe die Länge im Plan an.

Maßstab	Maße im Plan	
1 : 10	100 cm in der Wirklichkeit entsprechen	cm im Plan.
1 : 100	100 cm in der Wirklichkeit entsprechen	cm im Plan.
1 : 25000	250 m in der Wirklichkeit entsprechen	cm im Plan.
1 : 100000	1000 m in der Wirklichkeit entsprechen	cm im Plan.

3 Der Nord-Ostsee-Kanal ist etwa 98 km lang.
Maßstabgerechte Länge:

a) Miss die Länge. In welchem Maßstab wurde der Nord-Ostsee-Kanal gezeichnet?

Er wurde im Maßstab 1 : ____________ gezeichnet.

b) Zeichne die maßstabsgerechte Länge des Main-Donau-Kanals richtig ein.
Der Maßstab soll der gleiche sein, wie beim Nord-Ostsee-Kanal.
Der Main-Donau-Kanal ist etwa 171 km lang.

4 Ein erwachsener Mensch, auf die Größe einer Arbeitsheftseite verkleinert, ist etwa im Maßstab …

☐ 1 : 100, ☐ 1 : 10, ☐ 1 : 6, ☐ 1 : 2 dargestellt.

Kreuze den passenden Maßstab an.

Begründe: ____

____

5 Fertige von der Skizze einer Schrankwand einen maßstabsgerechten Plan im Maßstab 1 : 50 an.

a) Rechne zuerst die Längen um. Schreibe in die Tabelle. Nutze den Taschenrechner.

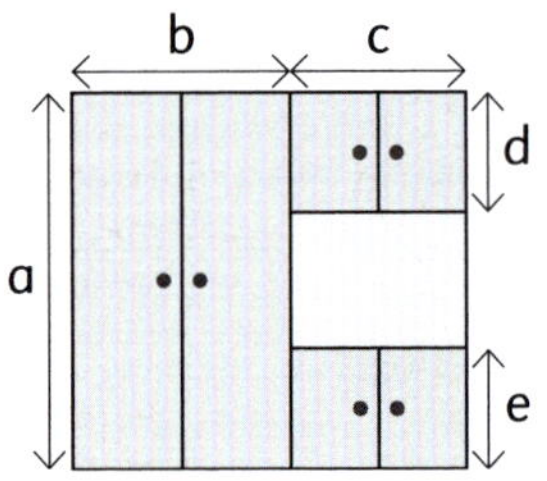

Maße in der Wirklichkeit	Maße im Maßstab 1 : 50
a = 2,50 m	
b = 1,50 m	
c = 1,20 m	
d = e = 0,80 m	

b) Fertige nun den Plan im Maßstab 1 : 50 an.

6 a) Verkleinere die Figur im Maßstab 1 : 3.

b) Vergrößere die Figur im Maßstab 2 : 1.

b)

a)

Körperansichten

Die Dreitafelprojektion ist ein Verfahren der darstellenden Geometrie, um ein räumliches Objekt zeichnerisch in (drei) verschiedenen ebenen Ansichten darzustellen.
Dabei entstehen die Vorderansicht, die Draufsicht und die Seitenansicht von links.

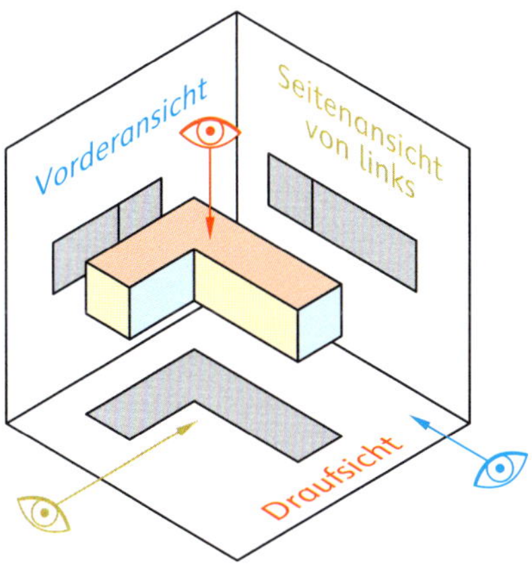

Vorderansicht	Seitenansicht von links
Draufsicht	

1 Zeichne den Körper in der Dreitafelprojektion. Lies die Maße aus der Zeichnung ab.

Vorderansicht:

Seitenansicht von links:

Draufsicht:

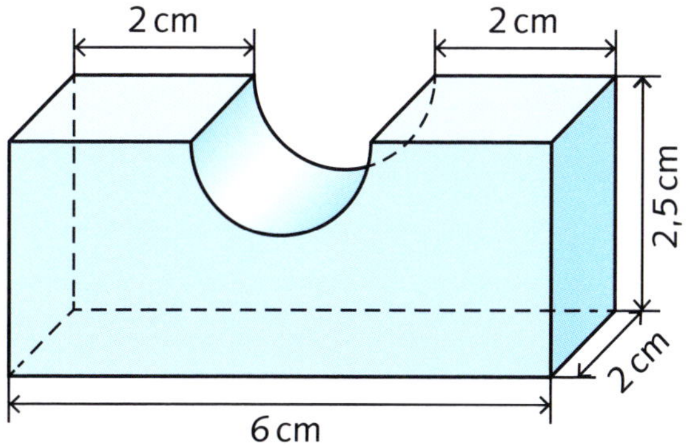

2 Zeichne die Körper in der Dreitafelprojektion. Lies die Maße aus der Zeichnung ab. Die Maße sind in Zentimeter angegeben.

a) Vorderansicht:

Seitenansicht von links:

Draufsicht:

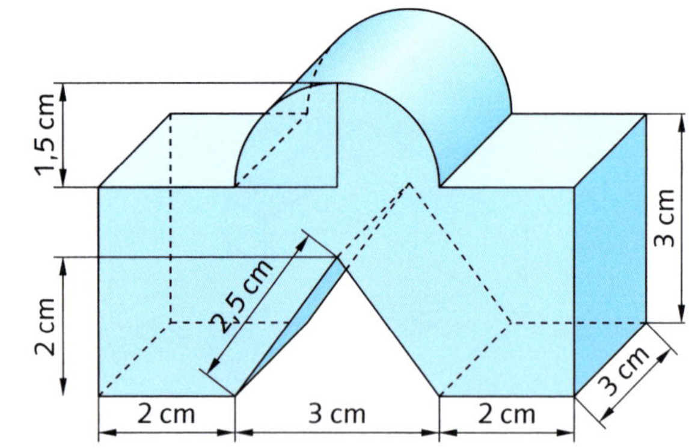

b) Vorderansicht:

Seitenansicht von links:

Draufsicht:

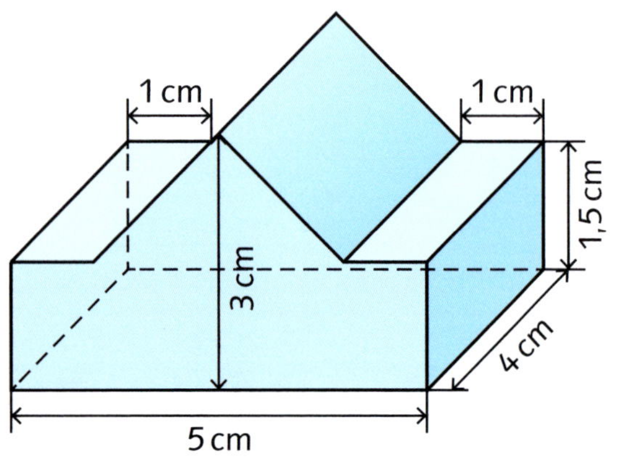

Technisches Zeichnen

1 Lies die Maße aus der Zeichnung ab. Übertrage die technische Zeichnung mit allen Maßen in Originalgröße auf dieses Arbeitsblatt.

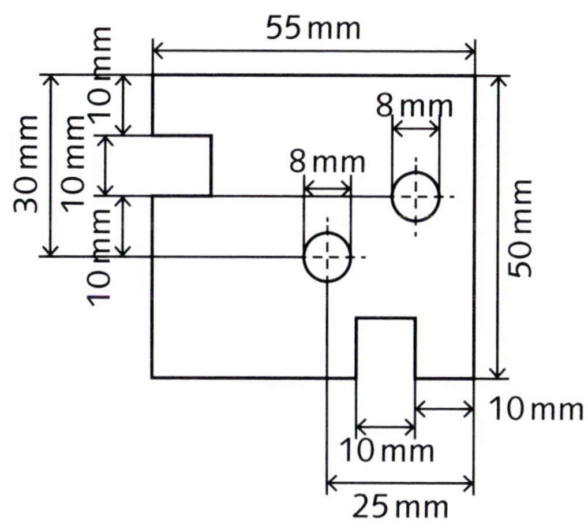

2 Was ist dir beim Zeichnen leicht gefallen, was schwer? Notiere.

Antwort: ______________________________

____

____

____

____

Das kann ich schon

1 a) Benenne den Körper. ____________________

b) Kennzeichne die Grundfläche und die Höhe farbig.

c) Berechne die Oberfläche und das Volumen.

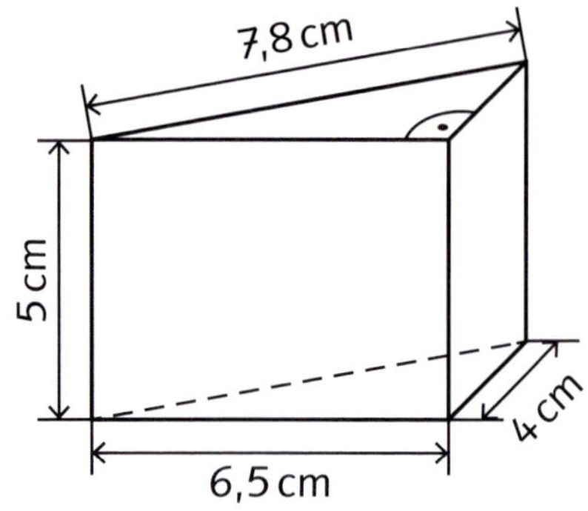

😊😐☹

2 Die Maße des Körpers sind in cm angegeben.

a) Zerlege den Körper sinnvoll und benenne die Teilkörper. ____________________

b) Färbe die Teilkörper unterschiedlich ein.

c) Berechne das Volumen der Teilkörper und das Gesamtvolumen.

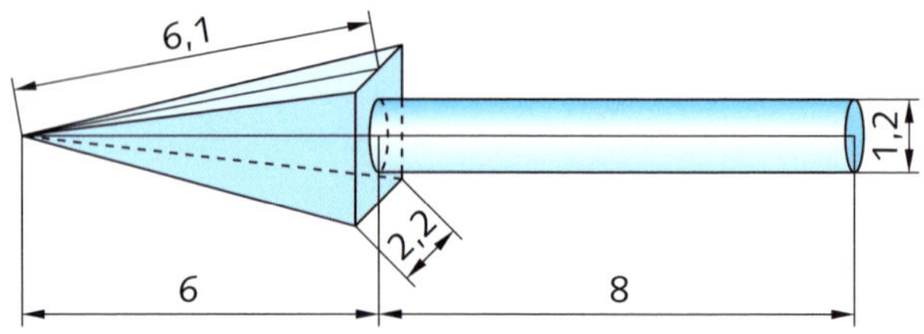

😊😐☹

Flächen und Körper

Auf einen Blick

Flächen

Kreis

Die **Kreiszahl** π beträgt ungefähr 3,14. $\pi \approx 3{,}14$

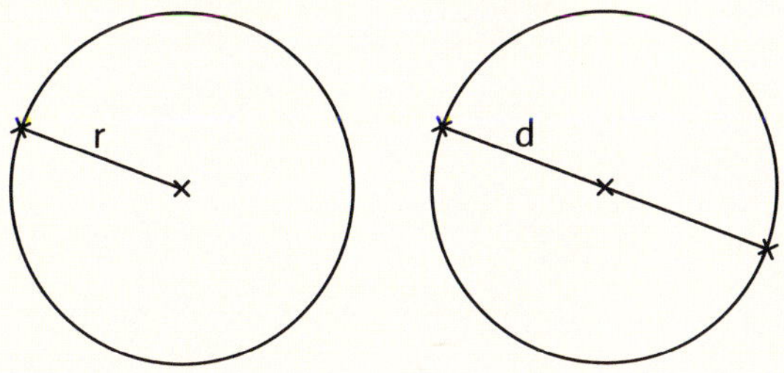

Umfang

$u_O = \pi \cdot d$
$u_O \approx 3{,}14 \cdot d$
$\pi = u_O \cdot d$

$d = 12\,cm$
$u = \pi \cdot d$
$u \approx 3{,}14 \cdot 12\,cm$
$u \approx 37{,}68\,cm$

Der **Flächeninhalt** des Kreises wird mit folgender Formel berechnet:
$A_O = \pi \cdot r^2$

Der **Durchmesser** ist das Doppelte vom Radius.

$d = 2 \cdot r$

$r = 2\,cm$
$A = \pi \cdot r^2$
$A \approx 3{,}14 \cdot 2\,cm \cdot 2\,cm$
$u \approx 12{,}56\,cm^2$

Zusammengesetzte Flächen

Flächeninhalt zusammengesetzter Flächen:
Zerlege zusammengesetzte Flächen in Teilflächen, die du berechnen kannst.

$A_{\square} = 7{,}00\,m \cdot 6{,}50\,m$ $\quad A_{\triangle} = \frac{7{,}00\,m \cdot 2{,}50\,m}{2}$

$= 45{,}50\,m^2$ $\quad = 8{,}75\,m^2$

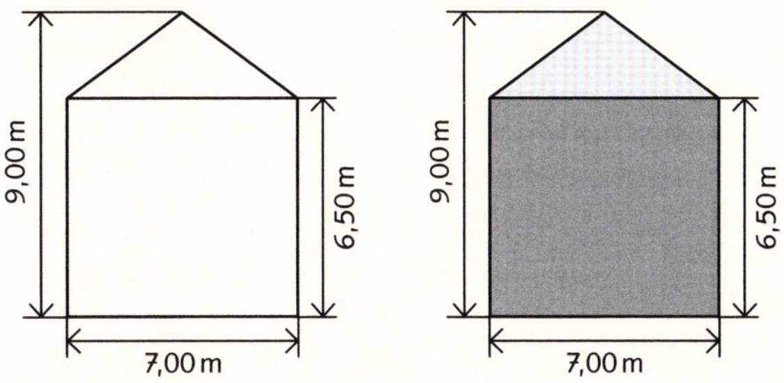

$A_{ges} = A_{\square} + A_{\triangle}$
$A_{ges} = 45{,}50\,m^2 + 8{,}75\,m^2$
$= 54{,}25\,m^2$

Umfang zusammengesetzter Flächen:
Addiere alle Seitenlängen.

Der Satz des Pythagoras

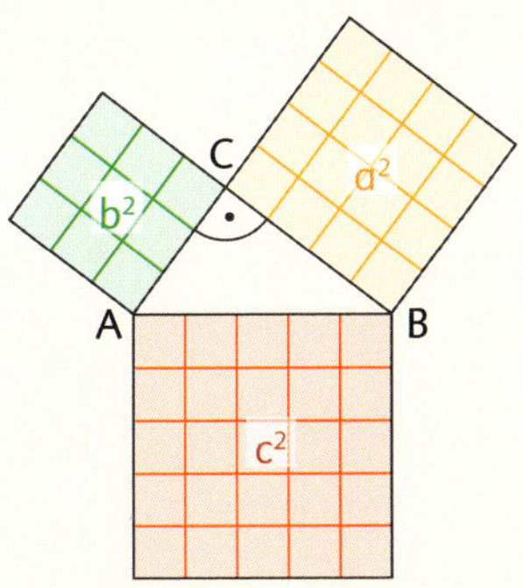

In einem rechtwinkligen Dreieck gilt immer:
Die Summe der Flächeninhalte der kleinen Quadrate ist gleich dem Flächeninhalt des großen Quadrats.
Formel: $a^2 + b^2 = c^2$

Das ist der Satz des Pythagoras.

Die lange Seite gegenüber dem rechten Winkel heißt **Hypotenuse**.
Die beiden kurzen Seiten heißen jeweils **Kathete**.

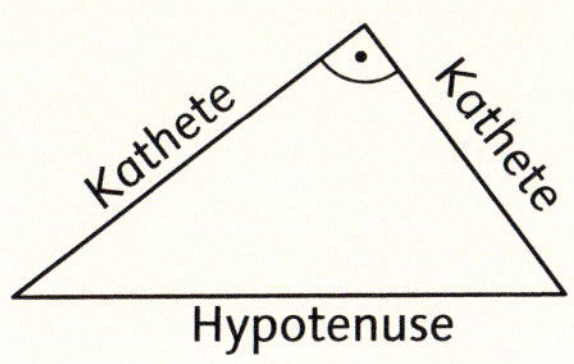

Seitenberechnung mit dem Satz des Pythagoras

Der Satz des Pythagoras wird genutzt um Seitenlängen in rechtwinkligen Dreiecken zu berechnen.
Beispiele:

Gegeben sind die Katheten a = 3 und b = 4.

Gesucht ist die Hypotenuse c.

$c^2 = a^2 + b^2$
$c^2 = 3^2 + 4^2$
$c^2 = 9 + 16$
$c^2 = 25$
$c = \sqrt{25}$
$c = 5$

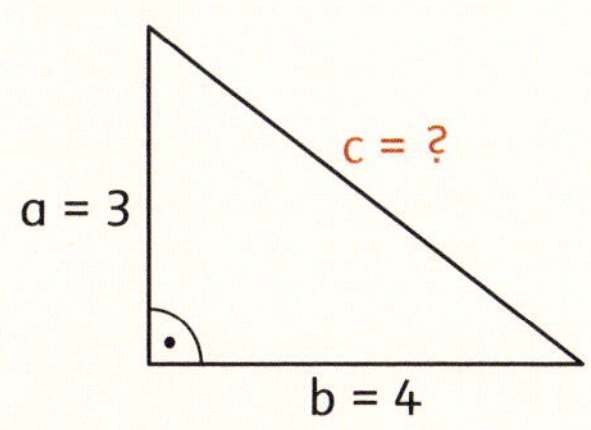

Gegeben sind die Kathete b = 4 und die Hypotenuse c = 5.

Gesucht ist die Kathete a.

$a^2 = c^2 - b^2$
$a^2 = 5^2 - 4^2$
$a^2 = 25 - 16$
$a^2 = 9$
$a^2 = \sqrt{9}$
$a = 3$

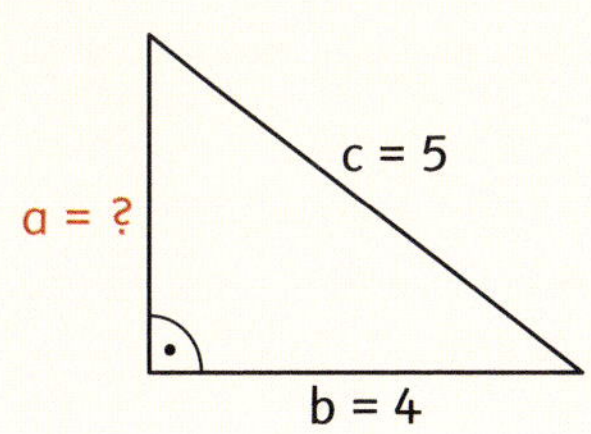

Körper

Berechnung von V: Volumen, O: Oberfläche, G: Grundfläche, M: Mantelfläche

Prisma

$V = G \cdot h_k$

$M = u_G \cdot h_k$

$O = 2 \cdot G + M$

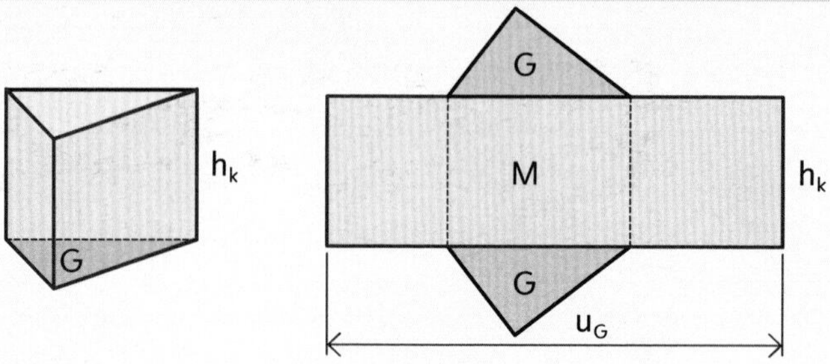

Pyramide

$V = \frac{1}{3} G \cdot h_k$

$O = G + M$

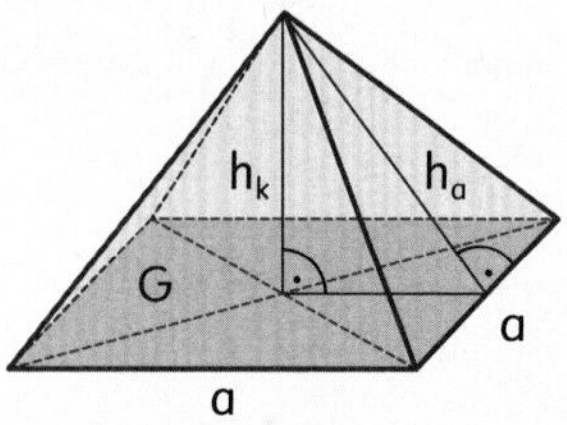

Zylinder

$V = \pi \cdot r^2 \cdot h_k$

$M = \pi \cdot d \cdot h$

$O = 2 \cdot G + M$

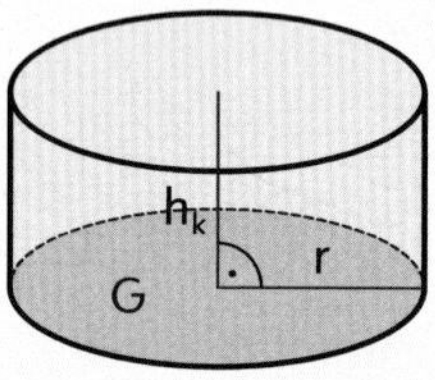

Kegel

$V = \frac{1}{3}\pi \cdot r^2 \cdot h_k$

$O = G + M$

$O = \pi \cdot r^2 + \pi \cdot r \cdot s$

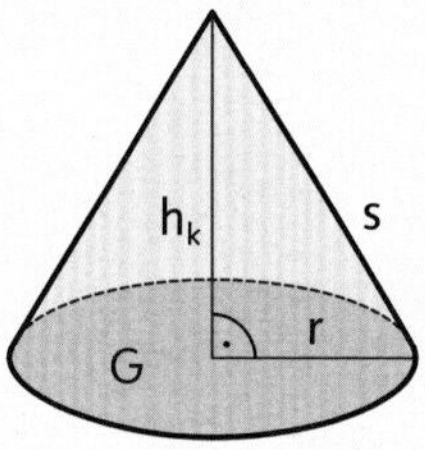

Kugel

$V = \frac{4}{3}\pi \cdot r^3$

$O = 4 \cdot \pi \cdot r^2$

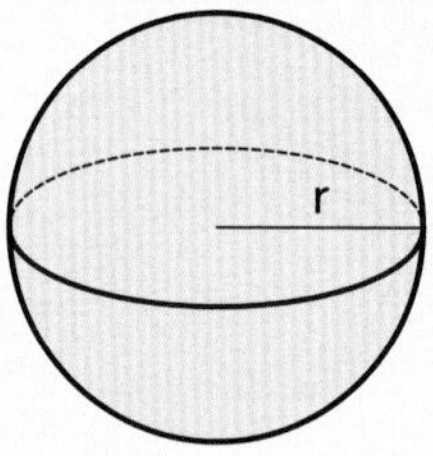

Zusammengesetzte Körper

Volumen zusammengesetzter Körper:

Zerlege zusammengesetzte Körper in Teilkörper, die du berechnen kannst.

$V_1 = 6\,\text{cm} \cdot 12\,\text{cm} \cdot 6\,\text{cm} = 432\,\text{cm}^3$

$V_2 = 8\,\text{cm} \cdot 12\,\text{cm} \cdot 6\,\text{cm} = 576\,\text{cm}^3$

$V_{ges} = V_1 + V_2 = 432\,\text{cm}^3 + 576\,\text{cm}^3 = 1008\,\text{cm}^3$

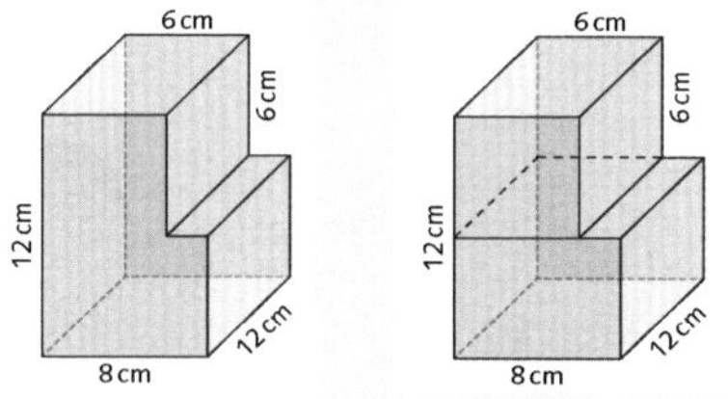

Oberfläche zusammengesetzter Körper:
Berechne die Flächeninhalte aller Teilflächen und bilde dann die Summe.

Maßstab

Der Maßstab beschreibt das Verhältnis von Bild und Wirklichkeit.

Der Maßstab 2 : 1 bedeutet:
2 cm im Bild entsprechen 1 cm in der Wirklichkeit.
In Wirklichkeit ist alles halb so groß.

Der Maßstab 1 : 10 bedeutet:
1 cm im Bild entsprechen 10 cm in der Wirklichkeit.
In Wirklichkeit ist alles zehnmal so groß.

Um maßstabsgerecht zeichnen zu können, müssen alle Längen umgerechnet werden.

Das kann man mit einer Zuordnung in einer Tabelle berechnen.

Maßstab 1 : 50

	Abbildung in cm	Wirklichkeit in cm	
	1	50	
$\cdot 5$	5	250	$\cdot 5$